RAPPORT

SUR

LES EXPLOSIONS

SURVENUES

DANS LES HOUILLÈRES DE SAÔNE-ET-LOIRE,

SUR LEURS CAUSES,

ET

SUR LES MOYENS DE LES ÉVITER A L'AVENIR

PAR

FRÉDÉRIC DELAFOND

Ingénieur des Mines.

PARIS

IMPRIMERIE ARNOUS DE RIVIÈRE

26, RUE RACINE, 26

—

1881

RAPPORT

SUR

LES EXPLOSIONS

SURVENUES

DANS LES HOUILLÈRES DE SAÔNE-ET-LOIRE,

SUR LEURS CAUSES,

ET

SUR LES MOYENS DE LES ÉVITER A L'AVENIR

PAR

FRÉDÉRIC DELAFOND

Ingénieur des Mines.

PARIS

IMPRIMERIE ARNOUS DE RIVIERE

26, RUE RACINE, 26

1881

RAPPORT

LES EXPLOSIONS

SURVENUES

DANS LES HOUILLÈRES DE SAÔNE-ET-LOIRE

Avant d'aborder l'étude des moyens préventifs contre les explosions de grisou, qui semblent devoir être appliqués dans le département de Saône-et-Loire, il a paru indispensable de résumer brièvement les circonstances dans lesquelles se sont produits les divers coups de feu qui ont décimé, à plusieurs reprises, les populations minières de cette région. Une semblable étude nous amènera à reconnaître quelles ont été les causes des catastrophes, et nous permettra ainsi de signaler le remède.

RÉCAPITULATION DES ACCIDENTS DIVERS CAUSÉS PAR LES INFLAMMATIONS DE GRISOU DANS LE DÉPARTEMENT DE SAONE-ET-LOIRE.

Vingt-sept accidents plus ou moins importants dus au grisou se sont produits dans les concessions de Blanzy, du Creusot, d'Epinac, de Montchanin, de Longpendu, de Sully, du Grand-Moloy et enfin dans les recherches exécutées au pont de la Vesvre (Autunois).

Dans la plupart de ces coups de feu, le nombre des victimes a été très restreint, mais pour sept d'entre eux on a eu à déplorer de véritables catastrophes.

Nous passerons donc successivement en revue les divers accidents, en décrivant seulement d'une manière sommaire les circonstances dans lesquelles ils se sont produits (1).

(1) Il nous a paru convenable, pour cette revue, de considérer successivement les diverses concessions, et pour chacune d'elles, de

Nous nous bornerons d'ailleurs, pour les accidents peu importants, à les grouper dans un seul tableau, où seront résumées les causes qui les ont déterminés.

Toutefois nous ferons remarquer que les archives du Bureau de Châlon ne nous ont pas permis de remonter au delà de l'année 1830, et que la liste que nous présenterons sera nécessairement incomplète.

CONCESSION DE BLANZY.

PUITS SAINTE-EUGÉNIE. — ANCIEN PUITS CINQ-SOUS.

Ce puits a rencontré, en 1847, la couche dite n° 1 à la profondeur de 200 mètres. On y est entré aussitôt, et l'on a poussé au niveau de 200 mètres une première série de galeries de reconnaissance.

Le grisou était très abondant; en 1851 et 1853, dans des procès-verbaux de visite, M. Heuret, garde-mines, signale la présence de beaucoup de gaz, soit dans les galeries de direction, soit dans les montages; les lendemains de jours de chômage, il arrivait souvent, dit-il, que les ouvriers ne pouvaient pas entrer dans les chantiers, et pendant les fortes chaleurs, alors que l'aérage était mauvais, le travail était parfois rendu impossible.

D'autre part, M. Mathet dit dans ses *Etudes sur le grisou*, (page 28) : « Le grisou baignait comme d'habitude les parties supérieures de la tête des travailleurs. »

L'aérage des travaux était insuffisant. Les moyens naturels furent d'abord seuls employés, et comme les puits d'entrée et de sortie d'air étaient au même niveau, la ventilation laissait beaucoup à désirer.

Aussi de funestes accidents ne tardèrent-ils pas à se produire.

Explosion du 25 avril 1851.

(6 morts, dont 2 brûlés et 4 asphyxiés.)

Le croquis ci-joint montre quelle était la disposition des travaux à cette époque.

relater par ordre chronologique les accidents survenus à un même puits.

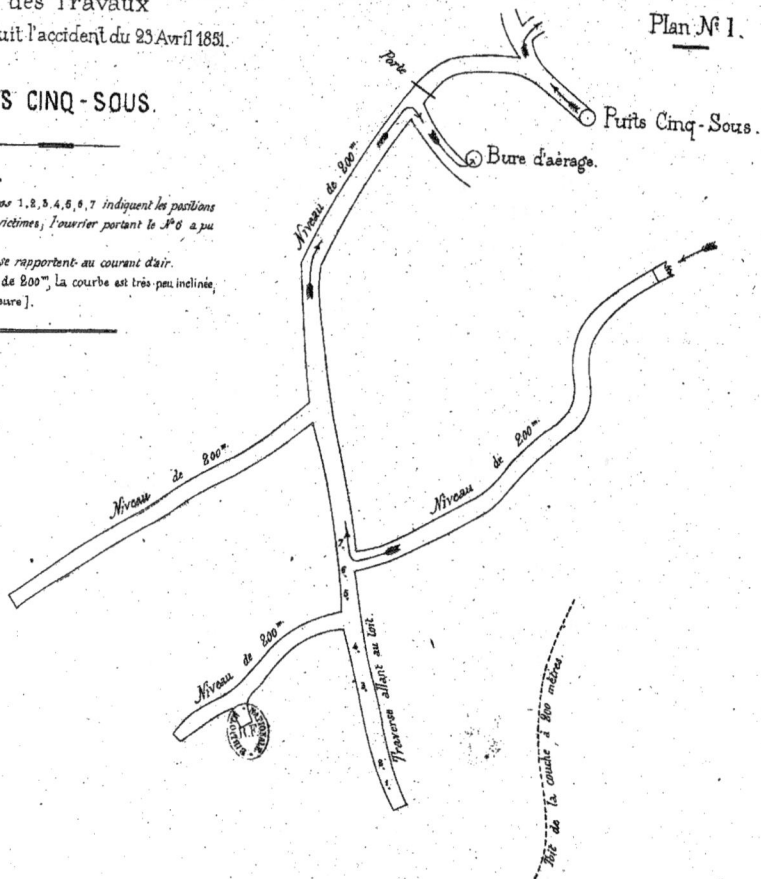

Plan des Travaux
où s'est produit l'accident du 23 Avril 1851.

Plan N° 1.

PUITS CINQ-SOUS.

Les Numéros 1,2,3,4,5,6,7 indiquent les positions qu'occupaient les victimes; l'ouvrier portant le N° 6 a pu être sauvé.

Les flèches se rapportent au courant d'air.

[Au niveau de 200ᵐ, la courbe est très peu inclinée, elle forme une plateure].

Puits Cinq-Sous.

Bure d'aérage.

Niveau de 200ᵐ

Niveau de 200ᵐ

Niveau de 200ᵐ

Niveau de 200ᵐ

Niveau de 200ᵐ

Traverse allant au toit.

Toit de la couche à 200 mètres.

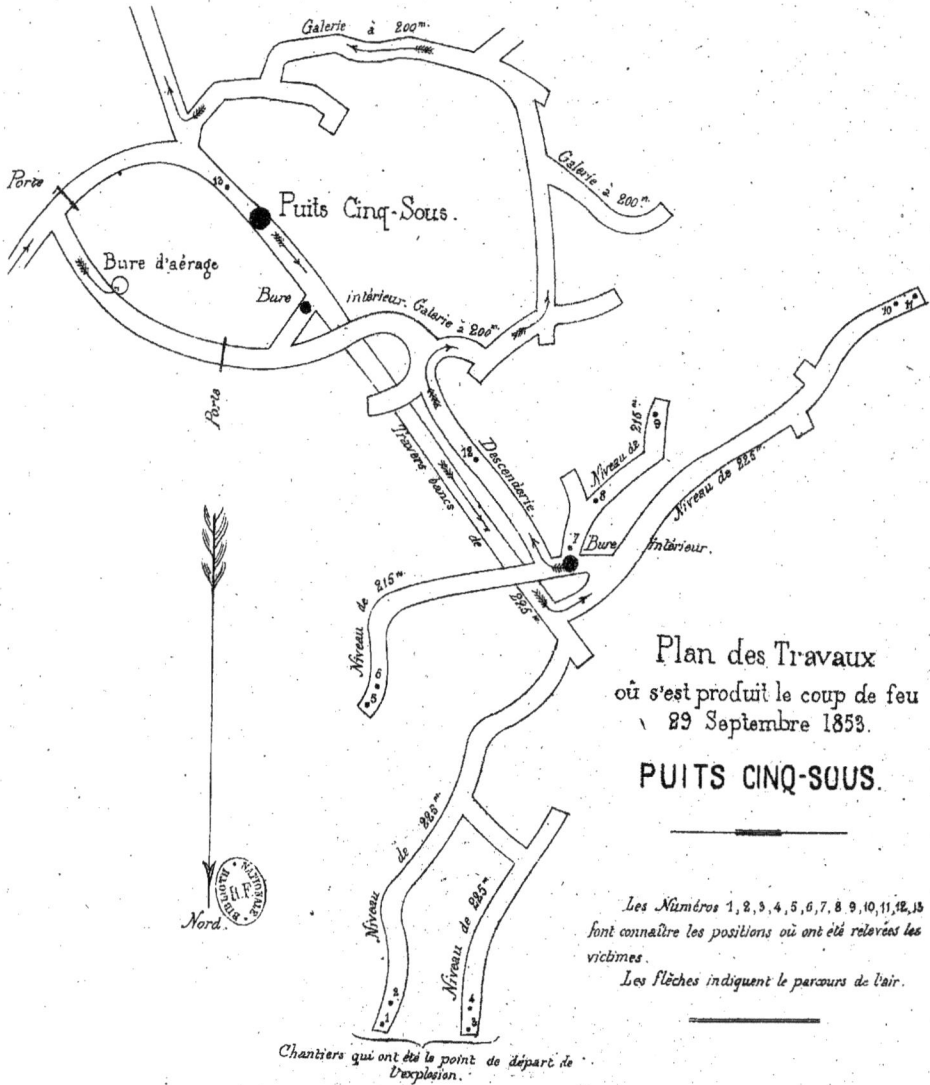

Plan N° 2.

Galerie à 200ᵐ.

Galerie à 200ᵐ.

Porte

Puits Cinq-Sous.

Bure d'aérage

Bure

intérieur. Galerie à 200ᵐ.

Porte

Niveau de 215ᵐ.

Niveau de 225ᵐ.

Bure intérieur.

Niveau de 215ᵐ.

Nord.

Plan des Travaux
où s'est produit le coup de feu
29 Septembre 1853.

PUITS CINQ-SOUS.

Niveau de 225ᵐ.

Niveau de 225ᵐ.

Les Numéros 1, 2, 3, 4, 5, 6, 7, 8 9, 10, 11, 12, 13
font connaître les positions où ont été relevées les
victimes.
Les flèches indiquent le parcours de l'air.

Chantiers qui ont été le point de départ de
l'explosion.

L'explosion s'est produite, paraît-il, dans une traverse dirigée vers le toit de la couche; elle se serait, d'après M. Mathet (*ouvrage cité p.* 39), propagée dans deux galeries de direction, tandis que, d'après le rapport de M. Mœvus, ingénieur des mines, elle aurait été localisée dans le chantier même où le coup de feu s'est déclaré.

Nous n'avons malheureusement pas pu nous procurer des détails circonstanciés sur cet accident.

Cependant il résulte d'un rapport de M. Mœvus que l'aérage était insuffisant, et que le courant n'arrivait pas au front de taille du chantier où l'explosion a eu lieu.

Le grisou aurait été allumé par une lampe de sûreté qui était en mauvais état ou qui avait été ouverte par un ouvrier.

Accident du 29 septembre 1853.

(13 ouvriers tués.)

Le croquis ci-joint fait connaître la disposition des travaux.

On avait ouvert un nouvel étage au niveau de 225 mètres, et on s'y développait dans la couche au nord-est et au sud-ouest. On était arrivé à 80 mètres environ dans les deux directions.

En outre, on avait ouvert, au niveau de 215 mètres environ, deux autres galeries en direction, qui avaient atteint chacune une quarantaine de mètres.

Tous ces travaux étaient en cul-de-sac.

Le grisou se montrait assez abondamment dans ces diverses galeries, surtout du côté nord-est. L'explosion se serait produite, paraît-il, à l'avancement de 225 mètres nord-est.

Les onze mineurs employés à ces travaux ont été tués; un ouvrier qui était dans la descenderie, un autre qui stationnait près du puits, ont été également victimes de l'explosion.

A la suite du grave accident du 29 septembre 1853, les concessionnaires avaient abandonné tous les chantiers situés au-dessous du niveau de 200 mètres. On y rentra en 1860, et l'on réussit à enlever trois tranches de l'étage de 225 mètres dans le voisinage de la faille dite de l'Est. Le grisou continuait, paraît-il, à y être assez abondant. Des incendies obligèrent à suspendre ces travaux. On tenta en 1867 de redescendre au-dessous du niveau de 200 mètres, mais une grande catastrophe, la plus terrible qui se soit produite à Blanzy, vint bientôt anéantir les espérances des exploitants. C'est cet accident que nous allons décrire.

✻

Accident du 12 décembre 1867.

(89 morts, 47 blessés; 22 ouvriers seulement échappés au désastre.)

Le croquis ci-joint fait connaître quelle était, au 12 décembre 1867, l'étendue des travaux en activité au puits Sainte-Eugénie.

Toute la région sud du champ d'exploitation avait dû être abandonnée, à cause des violents incendies qui s'y étaient développés, et l'extraction s'opérait exclusivement dans les districts du nord.

Elle correspondait à quatre quartiers distincts.

1° *Quartier de la descenderie.* — En aval-pendage du niveau de roulage de 200 mètres, on poursuivait en cul-de-sac un traçage en vallée. La descenderie partant du niveau de 200 mètres était arrivée au niveau d'environ 203 mètres.

De chaque côté on avait fait des galeries en direction et des recoupes, dont une exécutée en montage.

Quinze ouvriers étaient occupés dans ce quartier.

2° *Quartier du nord.* — On dépilait dans cette région une neuvième tranche; huit tranches horizontales avaient été déjà déhouillées en remontant à partir du niveau de 200 mètres.

On était arrivé ainsi au niveau de 188 mètres environ.

Trente-huit ouvriers étaient occupés dans ce quartier.

Étage de 170 mètres. — Au niveau de 170 mètres on procédait au déhouillement d'une première tranche.

Il y avait à cet étage trente ouvriers.

Étage de 165 mètres. — Enfin on opérait également l'enlèvement d'une seconde tranche au-dessus du niveau de 165 mètres; douze ouvriers étaient à cet étage (1).

L'aérage était naturel.

L'air entrait par le puits n° 2 à la recette de 200 mètres; le courant principal se dirigeait au nord, montait par un plan incliné dans le quartier du nord, parcourait les chantiers situés en neuvième tranche, montait de là par un bure au niveau de 170 mètres; un second bure le conduisait au niveau de 165 mètres; après avoir parcouru cet étage, il revenait au puits n° 2 par un travers-banc de niveau.

(1) Les autres ouvriers, au nombre de 61, étaient répartis dans les voies de roulage, dans des galeries au rocher, ou dans d'autres quartiers d'exploitation d'une importance secondaire.

Plan des Travaux
ou s'est produit le coup de feu du 12 décembre 1867.

PUITS CINQ-SOUS.

Echelle $\frac{1}{90000}$

Les côtes sont prises par rapport à l'orifice du puits.

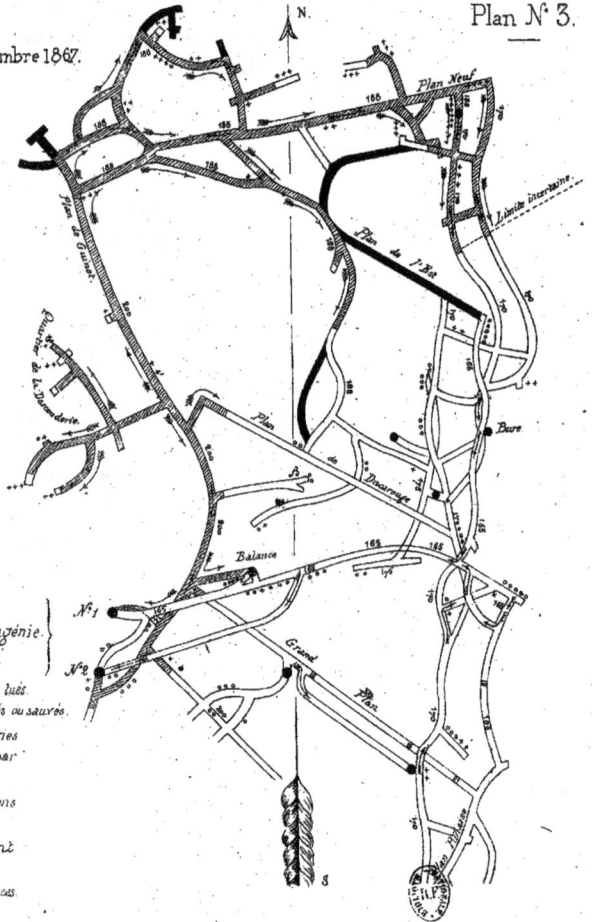

Les signes + se rapportent aux ouvriers tués.
Les signes ○ se rapportent aux ouvriers blessés ou sauvés.
Les parties hachées indiquent les galeries
ou portions de galeries qui ont été envahies par
les flammes.
Les flèches ⟶ font connaître le sens
des courants enflammés.
Enfin, les flèches ⟶ se rapportent
au courant d'air avant l'explosion.
Les parties noires correspondent à des galeries remblayées.

N.

Plan Neuf

Limite intercommune.

Plan de Gruner.

Plan du 1.Bat.

Bure

Décourage

A.

Balance

Plan

N.° 1

N.° 2

Grand

Plan

Puits S.te Eugénie
(Cinq-Sous)

D'autres petits courants secondaires complétaient l'aérage de la mine, comme le fait voir le plan ci-joint.

Du grisou s'était montré, quoique peu abondamment, dans le quartier de la descenderie et dans celui du nord.

L'examen du plan d'aérage montre qu'il y avait dans ces quartiers de nombreux travaux en cul-de-sac, d'abord tous ceux de la descenderie, qui correspondaient à un développement assez considérable de galeries, puis quelques autres situés dans le quartier du nord.

Le 12 décembre 1867, à onze heures du matin, une formidable explosion se produisait; tous les ouvriers du quartier de la descenderie, tous ceux du quartier nord ont été tués.

A l'étage de 170 mètres tous ceux de la région nord succombaient également; mais sur les autres points de cet étage on pouvait retirer vivants un certain nombre d'ouvriers.

A l'étage de 165 mètres la plupart des ouvriers étaient sauvés.

Des éboulements considérables se produisaient en même temps dans le quartier de la descenderie.

Les flammes avaient envahi la majeure partie de la mine, comme le figure le plan ci-contre.

Parmi les ouvriers qui avaient succombé, les uns étaient brûlés, les autres asphyxiés.

Dans la descenderie, les ouvriers avaient été asphyxiés, sauf peut-être ceux qui travaillaient au chantier α.

Dans le quartier nord les mineurs avaient été brûlés; cependant ceux dont les chantiers étaient en cul-de-sac n'ont été qu'asphyxiés. C'est ce qu'exprime d'ailleurs le plan ci-annexé figurant l'étendue des flammes.

On a constaté en outre que, dans les chantiers en cul-de-sac de la descenderie, les seuls qui aient été examinés à ce point de vue après l'explosion, les bois étaient couverts de parcelles de coke dont l'épaisseur atteignait parfois un centimètre et demi. Le dépôt s'arrêtait à 4 ou 5 mètres du front de taille, et était disposé sur les parties des bois tournées du côté de l'avancement. M. Mathet signale également la présence dans ce quartier de la descenderie d'une grande quantité de suie.

Dans la grande galerie de roulage du niveau de 200 mètres, on constatait qu'il n'y avait pas de dépôts analogues.

L'origine de l'explosion a été attribuée à un dégagement de grisou dans le quartier de la descenderie.

Cette hypothèse est justifiée par les considérations suivantes :

1° — S'il n'y avait pas eu de grisou dans ce quartier en cul-de-sac, il aurait été épargné par l'explosion, comme l'a été le chantier β, situé tout à côté, et où les deux ouvriers qui travaillaient ont continué leur besogne sans se douter de l'accident.

2° — L'explosion a atteint son maximum d'intensité dans le quartier de la descenderie : des éboulements considérables s'y sont produits, notamment au point de raccordement avec la voie de roulage de 200 mètres.

3° — Enfin l'examen des lieux après l'accident, notamment la position occupée par les chariots, a montré qu'à partir de la descenderie il s'était produit deux courants de flammes en sens contraire, l'un se dirigeant du côté du puits, remontant même jusqu'au niveau de 165 mètres, soit par le puits lui-même soit par le bure de la Balance ; l'autre se dirigeant du côté nord, parcourant tout le quartier de la 9ᵐᵉ tranche, et remontant au niveau de 170 mètres dont il envahissait complètement la partie septentrionale.

Le parcours des flammes a été plus étendu du coté du nord que du côté du sud, circonstance qu'il faut attribuer à ce que, d'une part, le courant d'air naturel avait dû entraîner, dans le quartier de la 9ᵐᵉ tranche et les étages de 170 et 165 mètres, une partie du grisou qui se dégageait du quartier de la descenderie ; et à ce que, d'autre part, il pouvait y avoir déjà un peu de grisou dans les chantiers de la 9ᵐᵉ tranche. On avait constaté, en effet, la présence de ce gaz même en 9ᵐᵉ tranche, quand on s'était rapproché de la faille dite de l'Est.

Quant à la cause même de l'inflammation du grisou, elle est restée tout à fait inconnue, et l'on ne peut formuler à cet égard que des hypothèses que nous nous dispenserons d'aborder.

Considérations générales au sujet des trois accidents précédents. — Les trois coups de feu qui viennent d'être relatés motivent les considérations suivantes.

Si l'on reporte sur un même plan les points où ont pris naissance ces explosions, on constate que ces points sont tout à côté les uns des autres, ainsi que le figure le croquis ci-contre. (*Voir le plan n° 4 ci-joint.*)

Il faut donc en conclure qu'il y avait dans le champ d'exploitation du puits Sainte-Eugénie un quartier essentiellement grisouteux, et qui a donné lieu, chaque fois que des travaux y ont été portés, à de terribles coups de feu.

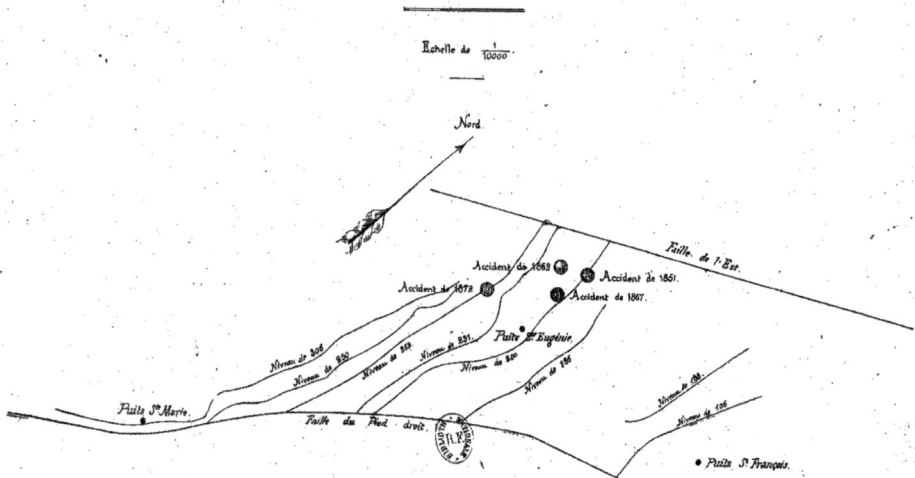

Plan des travaux exécutés dans la première couche, entre les failles dites de l'Est et du Pied droit, par les puits St François, Ste Eugénie et Ste Marie, montrant quels ont été les points de départ des explosions de grisou survenues au puits Ste Eugénie.

Plan N° 4

Échelle de 1/10000

Nord

Faille de l'Est

Accident de 1863
Accident de 1861
Accident de 1872
Accident de 1867

Niveau de 305
Niveau de 280
Niveau de 270
Niveau de 260
Niveau de 231
Puits St Eugénie
Niveau de 210
Niveau de 190
Niveau de 175
Niveau de 130
Niveau de 126

Puits Ste Marie

Faille du Pied droit

Puits St François

Nota. — Les courbes de niveau figurent l'allure du gisement. Les cotes sont prises par rapport à la surface. Les cercles ⬤ indiquent les points de départ des quatre explosions de 1861, 1863, 1867, 1872.

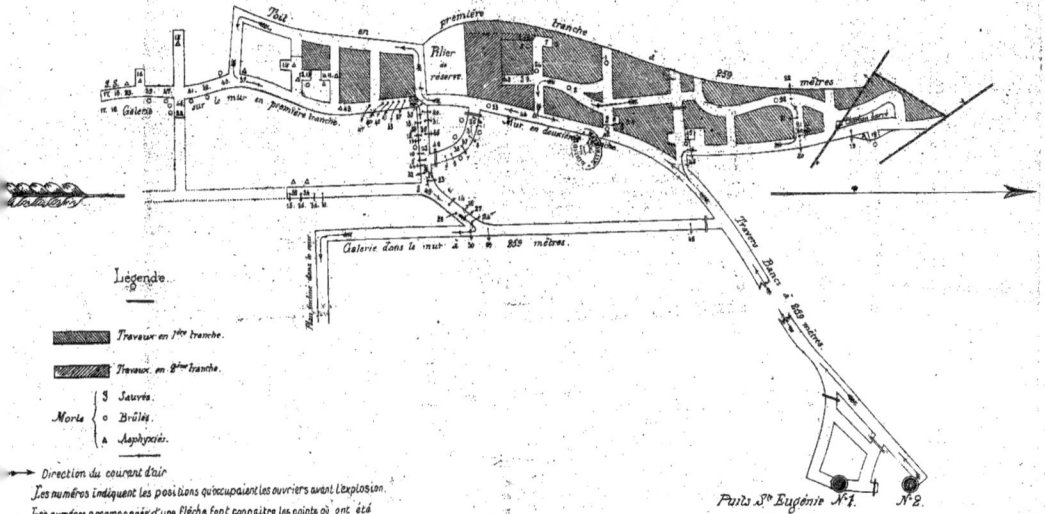

Plan N? 5

Puits S.t Eugénie.

Plan des Travaux
lors de l'accident du 8 Novembre 1872.

Echelle de 1/1000.

Légende.

Travaux en 1ère tranche.

Travaux en 2ème tranche.

Morts { S Sauvés.
o Brûlés.
▲ Asphyxiés.

→ Direction du courant d'air.

Les numéros indiquent les positions qu'occupaient les ouvriers avant l'explosion.
Les numéros accompagnés d'une flèche font connaître les points où ont été
relevées les victimes après l'explosion.

Puits S.te Eugénie N.º 1.   N.º 2.

Accident du 8 novembre 1872. — Étage de 259 mètres.

(41 ouvriers tués, 2 blessés, 8 sauvés.)

Après le désastreux accident de 1867, on avait abandonné les travaux situés entre les niveaux de 200 et de 165 mètres, et l'on avait créé un nouvel étage d'exploitation entre les niveaux de 229 mètres (*ancien niveau de 225 mètres*) (1) et de 259 mètres.

A 259 mètres on avait enlevé déjà une première tranche horizontale dans la région nord, et il ne restait plus qu'à déhouiller un petit prisme de charbon A, qui avait été laissé contre la galerie du mur (*voir le plan ci-joint*). Un chantier occupant seulement un ouvrier était en activité dans ce quartier; ce travail devait être rapidement achevé, et le soir même on comptait remblayer toutes les galeries situées à l'extrémité nord.

Le chantier où travaillait cet ouvrier, le sieur Mougenot, était en cul-de-sac, et situé à 22 ou 23 mètres du courant d'air; dans cette région la couche est disloquée par de nombreux accidents et avait donné lieu, pendant le traçage, et même pendant le dépilage, à de fréquents dégagements de grisou. On avait, pour ce motif, prohibé l'emploi de la poudre.

Malgré cette défense, Mougenot alluma un coup de mine; aussitôt une forte explosion se produisit. On a supposé, d'ailleurs, que c'est en mettant le feu à son coup de mine, avec une allumette, que cet ouvrier a provoqué la détonation.

Tous les ouvriers qui étaient occupés à l'étage de 259 mètres furent tués ou blessés, sauf huit.

Les ouvriers placés à l'extrémité est avaient été tués sur place; le courant de feu avait suivi la galerie du mur, en épargnant les hommes de la deuxième tranche, dont quelques-uns purent s'échapper; les ouvriers de l'ouest s'étaient enfuis pour regagner le puits, et afin d'éviter la galerie du mur dont l'atmosphère était brûlante, ils s'étaient engagés dans les voies au rocher. Ces dernières étaient malheureusement obstruées par des chariots déraillés; cet obstacle a arrêté les fuyards, et ils sont venus expirer misérablement contre le convoi.

Les flammes avaient parcouru une étendue considérable, car un chef de poste échappé à la catastrophe, qui se trouvait au

---

(1) Les puits ayant été exhaussés au jour, toutes les cotes en profondeur ont été augmentées de près de 5 mètres.

point K, vit une traînée de feu passer sur sa tête. Ce témoin a même affirmé qu'il s'était produit, à une seconde d'intervalle environ, deux explosions, et qu'à deux reprises il avait vu des flammes ; la seconde explosion l'avait renversé.

L'accident avait eu lieu à neuf heures. A quatre heures du matin et à cinq heures, tous les chantiers de la mine avaient été visités, par un chef de poste et par un maître-mineur, et l'on avait vu de grisou nulle part. A huit heures et demie, un chef de poste examina de nouveau le chantier où travaillait Mougenot, et il le trouva exempt de gaz.

Cependant, une demi-heure plus tard, une formidable explosion se produisait, et l'on constatait, après le coup de feu, quelques traces de grisou dans des vides qui surmontaient les boisages.

Il y avait très peu de croûtes de coke sur les bois. Cette circonstance a été attribuée à ce qu'on avait arrosé les parois des galeries dans la nuit précédente.

Les dégâts matériels ont été d'ailleurs peu considérables, et n'ont consisté qu'en des ruptures de portes.

Considérations générales et résumé concernant les accidents survenus au puits Sainte-Eugénie. — Si l'on jette les yeux sur le plan n° 4 qui accompagne l'explosion de 1867, on voit que le siège du coup de feu de 1872 est tout voisin du quartier où s'étaient déjà produits les trois accidents de 1851, 1853 et 1867. Cette circonstance confirme donc les conclusions qui avaient été émises précédemment, c'est-à-dire que la partie nord du champ d'exploitation du puits Sainte-Eugénie a été particulièrement grisouteuse, à partir de la profondeur de 200 mètres, et a provoqué d'énormes désastres.

Aussi peut-on résumer ainsi qu'il suit l'historique des tentatives faites par la Compagnie de Blanzy pour exploiter les gisements situés au nord du puits Sainte-Eugénie et compris entre les niveaux de 200 et 260 mètres :

En 1851, traçage au niveau de 200 mètres.
Explosion de grisou le 25 avril avec 6 victimes.
En 1853, traçage au niveau de 225 mètres.
Explosion du 29 septembre avec 13 victimes.
En 1867, traçages entre 200 et 203 mètres.
Explosion du 12 décembre, 89 victimes.
En 1872, dépilage d'une première tranche à 259 mètres.
Explosion le 8 novembre, 41 victimes.

Total. — 149 victimes.

Cette triste énumération montre combien il y aura probablement de précautions à prendre pour assurer la sécurité des mineurs, lorsque de nouveaux travaux de préparation seront exécutés au-dessous du niveau de 259 mètres

---

PUITS SAINTE-MARIE (ANCIEN PUITS RAVEZ).

Le puits Sainte-Marie (*ancien puits Ravez*) a donné lieu aussi à de grandes explosions que nous allons passer en revue.

Accident du 9 septembre 1853.

(9 ouvriers tués.)

Cet accident a eu lieu dans la couche n° 2 à l'étage de 230 mètres.

Deux galeries de traçage étaient poursuivies dans le gisement, les avancements étaient d'ailleurs en cul-de-sac, car les fronts de taille se trouvaient à des distances respectives de 80 et de 100 mètres de courant d'air. La région était failleuse.

Du grisou se montrait assez abondamment.

Le 9 septembre, à onze heures du matin, une formidable explosion se produisait dans ces chantiers ; la flamme s'était propagée sur une longueur de 200 mètres, et le quartier est était envahi par les gaz méphitiques.

Six ouvriers qui y travaillaient étaient victimes de l'explosion. Trois de leurs camarades voulurent leur porter secours et furent asphyxiés.

L'inflammation du grisou a été attribuée sans preuves certaines à l'écrasement du tamis d'une lampe Davy par l'éboulement d'un bloc de charbon.

Accident du 22 décembre 1855.

(30 victimes.)

L'accident s'est produit à l'étage de 290 mètres. (*Première couche du Montceau.*) [Voir le plan annexé.]

On avait pratiqué une grande remontée partant du niveau de 290 mètres et destinée à explorer l'amont pendage de la couche. Elle était arrivée à la cote de 230 mètres, par rapport à l'orifice du puits, et avait en ce point rencontré une faille importante.

On avait alors, en 1853, abandonné ce montage, et l'on avait pratiqué, à partir du puits Saint-Pierre, un travers-bancs au rocher destiné à le recouper. Ce travers-bancs n'avait plus, le 22 décembre 1855, que 1ᵐ,50 environ à parcourir pour que la communication fût effectuée.

Du grisou s'était montré abondamment dans ce montage ; à tel point que lorsqu'il avait rencontré la faille, on avait dû l'abandonner très rapidement, à cause de la grande quantité de gaz. On l'avait divisé en deux compartiments dans sa partie inférieure, au moyen d'un mur au bas duquel se trouvait une porte d'aérage située dans la galerie de roulage.

La partie supérieure du montage n'était aérée que par un ventilateur placé en V, lequel aspirait continuellement le grisou et le rejetait dans le courant général. Toutefois le tuyau de cet appareil n'allait qu'à une distance de 15 à 20 mètres de l'extrémité du montage, de telle sorte qu'il y avait en ce dernier point une notable accumulation de grisou.

L'aérage général de la mine était obtenu comme il suit :

L'air descendait par le puits Sainte-Marie ouest au niveau de 290 mètres, et là se partageait en deux courants secondaires : l'un descendait par un bure intérieur B au niveau de 306 mètres, allait jusqu'à l'extrémité des travaux, montait par un autre bure au niveau de 290 mètres, suivait ce niveau, circulait dans la partie inférieure de la remontée par l'effet de la cloison dont il a été parlé plus haut, et retournait tout à côté du puits prendre une galerie montante qui le conduisait dans les travaux de la couche n° 2.

L'autre courant se rendait immédiatement dans la galerie inclinée conduisant à la couche n° 2.

Les deux courants se réunissaient ainsi dans cette dernière galerie. Le courant total parcourait les travaux de la couche n° 2 (*étage de 230 mètres*) et remontait par le puits Sainte-Hélène où il était aspiré par un ventilateur Duvergier (1).

Les deux courants secondaires avaient des trajets bien différents à accomplir : celui qui parcourait les travaux de la couche n° 1 devait aller à une distance de plus de 800 mètres, et revenait, en suivant une voie parallèle à la voie d'arrivée et peu distante d'elle, tout à côté du puits Sainte-Marie, pour rejoindre le

(1) Le jour de l'accident, le ventilateur était en réparation et ne fonctionnait pas.

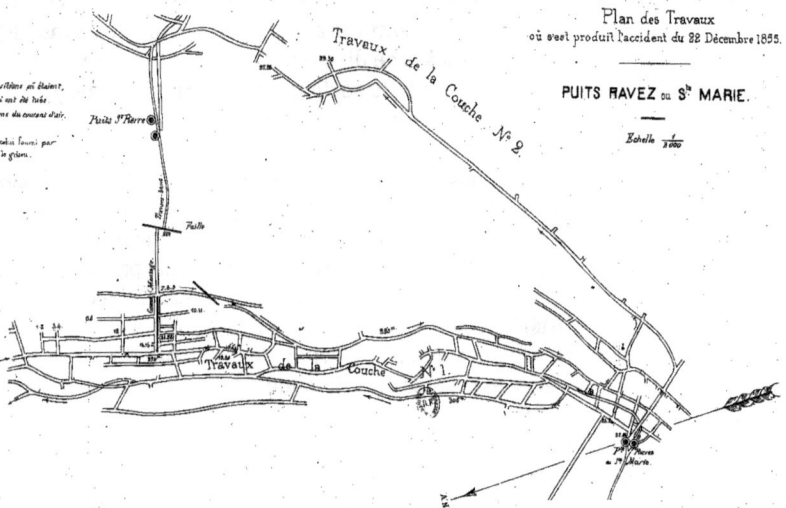

Plan N° 6.

Travaux de la Couche N° 2.

Plan des Travaux
où s'est produit l'accident du 22 Décembre 1855.

PUITS RAVEZ ou Sᵗᵉ MARIE.

*Les Numéros indiquent les positions où étaient,
avant l'accident, les 30 ouvriers qui ont été tués.
Les flèches font connaître le sens du courant d'air.*

*Ce plan est en partie la reproduction de celui fourni par
Mathey dans son étude sur le grisou.*

Echelle 1/8000

Puits Sᵗ Pierre

Puits

*Les travaux se poursuivaient
encore à 160 mètres au-delà de ce
quartier*

Travaux de la Couche

second courant avec lequel il ventilait le reste des travaux. Le courant de la couche n° 1 était donc établi dans de mauvaises conditions; et la moindre inattention, dans la fermeture ou le bon entretien des portes, devait supprimer à peu près complètement l'aérage des travaux.

Aussi, dans les rapports relatifs à cet accident, il est dit que le courant n° 2 était beaucoup plus vif que le courant n° 1, bien qu'on gênât son passage au moyen d'une porte.

En outre, l'examen du plan montre que les chantiers voisins de la remontée, et où travaillaient les ouvriers, étaient en cul-de-sac.

La situation du champ d'exploitation de la couche n° 1 peut donc se résumer comme il suit :

Nombreux chantiers en cul-de-sac; remontée donnant du grisou qu'un ventilateur rejetait constamment dans les travaux; mauvaises conditions d'aérage.

Aussi lit-on dans le procès-verbal de l'accident, dressé par M. Estaunié, que pendant l'été on avait dû, à plusieurs reprises, suspendre le travail dans divers chantiers à cause de la présence du gaz.

Le 22 décembre, au moment où le poste était sur le point de finir, une formidable explosion se produisait. La commotion fut si forte qu'un enchaîneur de bennes fut précipité dans le puisard, tandis que sa casquette était enlevée jusqu'au jour, et qu'un charretier, qui revenait de l'accrochage avec son cheval et cinq bennes vides, fut également jeté dans le puits, ainsi que son convoi.

Les flammes arrivèrent jusqu'au puits, car trois ouvriers qui étaient à cet endroit furent grièvement brûlés. En même temps, de nombreux éboulements se produisaient dans le voisinage de la grande remontée, et des feux anciens se rallumaient avec intensité.

La communication entre la descenderie et la galerie au rocher de Saint-Pierre était établie par l'explosion, qui avait renversé la cloison de séparation.

Tous les ouvriers situés dans le quartier de la grande remontée étaient tués, et les cadavres de quatorze d'entre eux durent être abandonnés à cause des incendies; ils ne furent relevés qu'en 1868.

Parmi les ouvriers qui étaient à côté du puits, une partie fut heureusement sauvée.

Quatre des mineurs qui étaient occupés à l'étage de 230 mètres furent asphyxiés; les autres furent préservés; ils étaient au nombre de cent environ, distribués dans les travaux de la couche n° 2.

Ceux qui travaillaient à la galerie au rocher, destinée à recouper la grande remontée, n'étaient pas à leur chantier et furent épargnés.

Heureusement, il y avait peu d'ouvriers dans la couche n° 1, sans quoi tous ceux situés à une certaine distance du puits eussent infailliblement péri (1).

Diverses hypothèses ont été mises en avant au sujet de la cause de la catastrophe. M. Estaunié a admis qu'il s'était produit d'abord une explosion derrière un barrage, comme cela arrive assez fréquemment à Blanzy, explosion due à la combustion des gaz carburés que produit la distillation de la houille, et c'est la flamme provenant de cette détonation qui aurait mis le feu au grisou contenu dans divers chantiers de la mine.

Cette hypothèse serait justifiée, d'après M. Estaunié, par les faits suivants :

1° Un barrage contre les feux, solidement établi, a été renversé à 300 mètres de distance du montage, tandis que le mur formant cloison dans la partie inférieure de ce montage était resté intact.

2° Des témoins avaient déclaré avoir entendu deux détonations successives.

Une autre hypothèse avait été également formulée, c'est que le grisou s'était enflammé à la lampe d'un des ouvriers chargés de la manœuvre du ventilateur placé au bas du montage.

Enfin M. Mathet a récemment mis en avant une autre explication (*Étude sur le grisou*, page 44). Il croit que le feu a été mis au grisou par un coup de mine qu'auraient pratiqué les ouvriers qui travaillaient au percement allant à la rencontre de la montée. C'est ce coup de mine qui « aurait débourré dans la remontée et allumé le gaz ».

Je m'abstiendrai, en ce qui me concerne, de me prononcer en faveur de l'une ou de l'autre de ces hypothèses.

Je me contenterai de dire que les travaux exécutés dans la première couche du puits Sainte-Marie étaient, au point de vue de la sécurité, dans de mauvaises conditions, attendu qu'un important réservoir déversait constamment du grisou dans la mine ; que le courant d'air était établi de telle façon qu'il ne

_____

(1) On avait abandonné en effet la région nord qui devait être exploitée plus tard par le puits Sainte-Eugénie.

pouvait que difficilement procurer une ventilation convenable des chantiers ; que certaines circonstances pouvaient même amener la suppression presque complète de cet aérage, et que le 22 décembre, notamment, l'arrêt du ventilateur avait dû aggraver la situation.

Dans de telles circonstances, une explosion n'a rien de surprenant ; il se trouve toujours soit un ouvrier maladroit ou imprudent, soit une circonstance fortuite qui déterminent l'inflammation du grisou.

Accident du 8 février 1871.

(1 mort et 1 blessé.)

Deux ouvriers, Chanliau et Ambert, étaient occupés à foncer une cheminée verticale DD qui devait aboutir à une ancienne galerie GG, probablement éboulée, et située à 13 mètres au-dessous de l'orifice de ladite cheminée. Cette dernière avait atteint déjà 6^m,70 de profondeur ; comme on craignait que la galerie GG ne renfermât du grisou, ou qu'elle fût éboulée sur une grande hauteur, on avait prescrit aux ouvriers de faire précéder le fonçage par un petit sondage qui avait atteint 1^m,40 de longueur.

Un coup de mine x avait été allumé, mais un raté se produisit ; alors Chanliau débourra le coup de mine (*bien que ce procédé soit expressément défendu*), mit une demi-cartouche sur la première, plaça une nouvelle bourre et alluma la mèche. Il y avait alors environ 45 grammes de poudre dans le trou.

Chanliau et Ambert se retirèrent en E dans la galerie de retour d'air, à une distance d'environ 2 mètres de la petite traverse AB.

Le coup de mine ne partit pas ; la poudre chassa la bourre, mais il se produisit deux explosions très rapprochées, et un jet de flammes envahit les travaux, pénétra dans la galerie de retour d'air, et atteignit les deux ouvriers. L'un d'eux succomba à ses brûlures, l'autre ne fut que légèrement atteint.

L'explosion fut d'ailleurs toute locale, car un ouvrier situé au point F, à 8 mètres de distance de la traverse, avait seulement senti un coup de vent et aperçu une traînée de lumière dans la galerie principale.

On remarqua, après l'explosion, que les cadres du bure, ceux de la traverse et des galeries portaient, principalement à leur partie supérieure, des grains de coke boursouflé. Cependant, à partir des cadres f et g, ces traces disparaissaient.

On n'avait reconnu, avant cette explosion, aucune trace de grisou ; les recherches faites les jours suivants amenèrent également des résultats négatifs : on n'en trouva aucun indice dans la petite cloche L qui surmontait la cheminée ; le trou de sonde y n'en donnait pas non plus.

On admit donc que l'explosion avait été provoquée par l'inflammation des poussières.

D'après cette hypothèse, la première explosion était due à l'inflammation de la demi-cartouche placée par Chanliau, le coup de vent qui en résulta mit en suspension les poussières très fines qui recouvraient les cadres des boisages de la cheminée, puis après un intervalle de temps très court, la seconde cartouche partit, et projeta dans la cheminée une colonne de feu qui provoqua l'inflammation des poussières.

On faisait remarquer, à l'appui de cette explication, que les charbons de la couche n° 1 de Sainte-Marie sont très inflammables, très riches en matières volatiles, et que de la poussière très ténue, projetée sur un foyer, détermine une déflagration comparable à celle de la poudre (1).

Vu le peu d'amplitude qu'a eue l'explosion, cette hypothèse peut être l'expression de la vérité.

Pourtant il n'est pas impossible que le grisou ait joué un certain rôle dans l'accident du 8 février 1871. La couche n° 1 de Sainte-Marie est, en effet, très grisouteuse, comme l'a trop bien démontré l'accident de 1855.

Nous aurons à revenir d'ailleurs sur le rôle des poussières, et nous verrons que dans certains cas, surtout quand elles sont soulevées par un coup de mine qui débourre, elles peuvent allonger beaucoup la flamme développée par la combustion de la poudre.

_____

ACCIDENTS PROVOQUÉS PAR DES EXPLOSIONS SURVENUES DERRIÈRE DES BARRAGES.

Enfin il y a eu encore, aux mines de Blanzy, un certain nombre d'accidents dus à des explosions de gaz derrière des barrages destinés à isoler des massifs en feu.

(1) Burat, *Les houillères en 1872*, p. 128.

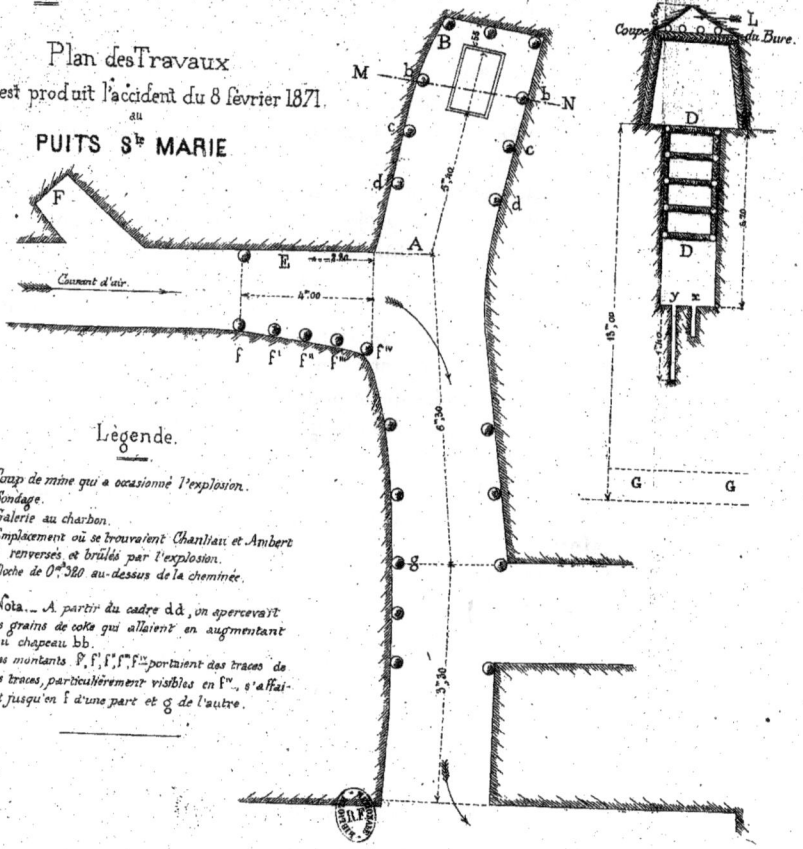

Plan Nº 7.

Plan des Travaux
où s'est produit l'accident du 8 février 1871.
au
PUITS Sᵗᵉ MARIE

Légende.

x ..... Coup de mine qui a occasionné l'explosion.
y ..... Sondage.
A.B ... Galerie au charbon.
E ..... Emplacement où se trouvaient Chanliau et Ambert
        renversés et brûlés par l'explosion.
L ..... Cloche de 0ᵐ,520 au-dessus de la cheminée.

Nota.– A partir du cadre d.d , on apercevait
quelques grains de coke qui allaient en augmentant
jusqu'au chapeau bb.
    Les montants f, f', f'', f''', f'''' portaient des traces de
coke ; ces traces, particulièrement visibles en f'''', s'affai-
blissaient jusqu'en f d'une part et g de l'autre.

Il se produit, lors des incendies souterrains, de l'oxyde de carbone et des hydrocarbures fort analogues au grisou ; ces gaz constituent avec l'air un mélange détonant qui peut s'allumer au contact des charbons en feu.

Ces accidents, qui sont fort analogues aux coups de grisou, sont fort intéressants à étudier, bien qu'ils n'aient généralement pas eu des conséquences très graves.

Nous croyons d'ailleurs opportun d'entrer dans quelques détails sur ces explosions, parce que nous aurons plus loin à insister sur ce sujet, lorsque nous étudierons le rôle des poussières de houille.

Accident du 16 octobre 1858. — Puits Sainte-Eugénie.

(2 morts.)

Des incendies s'étaient déclarés dans de grands dépilages sans remblais analogues à des foudroyages qu'on poursuivait au deuxième étage du puits Sainte-Eugénie, près de la limite du champ d'exploitation de ce puits.

On avait dépilé un massif ayant de 20 à 25 mètres de largeur lorsque des feux se déclarèrent. On construisit alors des barrages en maçonnerie, qu'on munit d'une ouverture ayant 1 mètre carré environ, et fermée par de simples planches bien lutées. Ces ouvertures constituaient des soupapes de sûreté ; elles empêchaient les gaz d'acquérir une trop grande pression derrière les barrages, et de renverser ces derniers comme cela était, paraît-il, arrivé à diverses reprises (1).

Deux ouvriers travaillaient dans un montage, situé à côté des barrages, lorsqu'une explosion se fit entendre. La soupape de sûreté du barrage avait été emportée, les galeries étaient remplies de flammes, et les deux ouvriers furent grièvement brûlés.

Cette explosion ne produisit qu'un effet local, car les ouvriers qui travaillaient dans d'autres galeries, tout à côté des barrages, n'eurent aucun mal. Leurs lampes furent seulement éteintes par le coup de vent.

(1) Il est probable que les ruptures de ces barrages avaient été déjà provoquées par de petites explosions. Les fermetures des massifs incendiés ne sauraient être en effet assez hermétiques pour que la tension du gaz pût renverser des murs en maçonnerie.

Accident des 6 et 7 avril 1860. — Puits Sainte-Marie.

(15 personnes blessées.)

Cet accident s'est produit à l'étage de 230 mètres du puits Sainte-Marie (*deuxième couche*).

Le traçage de cet étage était terminé, on avait commencé le dépilage à partir de la limite nord du champ d'exploitation, et l'on battait en retraite du côté du puits.

Déjà un important massif était déhouillé, lorsque des incendies se déclarèrent et obligèrent à construire des barrages.

Six ouvriers venaient de terminer l'un de ces barrages, lorsque ce dernier fut brusquement renversé et laissa passer une traînée de flammes, sans que cependant il y eût une explosion bien accentuée. Les six ouvriers furent brûlés.

Une nouvelle équipe de mineurs rétablit ce barrage, mais à peine était-il achevé qu'une nouvelle explosion, peu intense d'ailleurs, se fit entendre ; les flammes atteignirent les neuf personnes placées près du barrage et les brûlèrent.

Accident du 7 mai 1866. — Puits Sainte-Marie.

(3 blessés.)

Des feux s'étaient déclarés dans un plan incliné, et on les avait circonscrits au moyen de barrages. Le 6 mai, une première explosion renversa ces barrages ; on les rétablit, mais le 7 mai ils furent de nouveau démolis par une seconde détonation ; les flammes se répandirent dans les galeries et brûlèrent trois ouvriers.

Accident du 8 janvier 1866. — Puits Sainte-Eugénie.

(5 personnes blessées.)

Des incendies s'étaient déclarés au puits Sainte-Eugénie, dans la voie de roulage du niveau de 222 mètres.

Dix ouvriers étaient occupés à circonscrire ces feux au moyen de barrages, sous la conduite d'un ingénieur et d'un maître-mineur.

On eut la pensée de **calfater hermétiquement une porte située** dans cette galerie; mais, au moment où le maître mineur fermait cette porte, une explosion eut lieu, et un jet de flammes envahit la galerie.

Cinq personnes furent blessées, mais d'une manière heureusement peu grave.

Accident du 1ᵉʳ octobre 1879. — Puits Lucy.

(6 ouvriers très légèrement blessés.)

Des incendies s'étaient déclarés dans un quartier du septième étage du puits de Lucy.

On avait circonscrit le feu en créant des barrages en planches. Mais ces cloisons ne constituaient pas une fermeture assez complète, car des fumées abondantes et des gaz irrespirables se dégageaient de quelques-uns des barrages; on avait même constaté que la flamme des lampes s'allongeait dans le voisinage de ces derniers.

On forma alors le projet de remplacer ces cloisons en planches par des murs en maçonnerie.

Pendant qu'on faisait ce travail, et bien que les ouvriers fussent munis de lampes de sûreté, deux explosions successives se produisirent derrière les barrages, démolirent les cloisons en planches et renversèrent cinq ouvriers, qui n'eurent que des blessures insignifiantes.

MINES DU CREUSOT.

Les mines du Creusot ont donné lieu autrefois à de grands accidents causés par le grisou, mais depuis une quarantaine d'années les explosions sont devenues très rares et n'ont eu que des conséquences restreintes. Cette circonstance tient, d'une part, à ce que le gîte a été déjà drainé presque en tous sens, et d'autre part à ce que dans la profondeur le charbon devient anthraciteux et ne renferme plus de gaz.

Les archives du bureau de Chalon-sur-Saône ne nous ont pas permis de remonter au delà de l'année 1833.

Accident du 30 décembre 1833. — Puits Mamby.

(17 morts, 17 blessés, 7 ouvriers seulement sauvés.)

Les documents que nous avons en notre possession sont trop incomplets pour permettre de bien préciser les circonstances dans lesquelles s'est produit ce grand accident.

Voici ce qu'a dit à ce sujet M. Coste, ingénieur des mines :

« 45 ouvriers étaient dans le puits, savoir :

« 4 dans l'étage inférieur,

« 4 dans l'étage supérieur,

« 37 dans l'étage moyen, dont 10 ou 11 étaient près du puits, « occupés à recevoir les bois, ou avaient encore le pied sur « les échelles.

« La détonation a eu lieu dans l'étage du milieu et a brisé une « des portes d'aérage située dans la grande galerie de commu- « nication avec le puits des Nouillots. L'air a pris alors une « direction opposée à celle qu'il devait avoir; douze ouvriers, « placés probablement à une assez grande distance de l'ex- « plosion, ont été effrayés et ont cherché à regagner le puits « Mamby; mais, arrivés dans une galerie voisine, ils ont tous été « asphyxiés, à l'exception d'un enfant, le seul auquel on ait pu « donner des secours assez prompts.

« Des dix ou onze ouvriers placés près du puits, sept ont été « renversés par l'explosion et sont tombés de 60 mètres de hau- « teur. Six ont été tués; le septième a une fracture très grave à « la jambe, enfin seize hommes ont été plus ou moins blessés « par les gaz. En résumé, dix-sept hommes sont tués, dix-sept « sont blessés et onze sont restés sains et saufs. »

Les ouvriers se servaient, paraît-il, de lampes à feu nu, bien que le puits Mamby eût déjà autrefois, d'après le rapport de M. Coste, donné lieu à de graves accidents causés par le grisou.

On a attribué l'accumulation du gaz à une suspension de l'aé- rage provoquée par une ouverture de porte.

Les dégâts matériels ont été d'ailleurs peu importants, puis- que immédiatement après que le courant d'air fut rétabli, on put parcourir tous les travaux.

EXPLOSIONS DERRIÈRE LES BARRAGES.

Enfin il convient de signaler aussi une grave explosion survenue le 25 mars 1839 derrière un barrage, au puits dit du Creusot.

Accidents des 19 et 25 mars 1839 au puits dit du Creusot.

(1 ingénieur tué.)

Un rapport de M. Manès, ingénieur en chef des mines, rend compte comme il suit de cet accident :

« Le puits du Creusot n'avait donné lieu à aucune explo-
« sion, quand, le 19 mars, un ouvrier, quittant les échelles pla-
« cées dans ce puits, et prenant la galerie de l'ancien étage de
« 90 mètres, fut brûlé près du bure qui communique de cette
« galerie à l'étage inférieur de 110 mètres dans lequel sont les
« travaux actuels. On expliqua cet accident par un dégagement
« de grisou qui se faisait au barrage existant près du bure, au
« niveau de 90 mètres, et interceptant la communication du puits
« avec les travaux de cet étage supérieur que les feux avaient
« fait abandonner. On décida alors de faire deux barrages pour
« empêcher le grisou de pénétrer dans le puits et les travaux
« inférieurs. Ces deux barrages étaient faits, l'un au pied du
« bure, et l'autre à peu de distance de son sommet dans la gale-
« rie du niveau supérieur. L'ingénieur des mines de la Compa-
« gnie voulut, le 25 mars, avant de permettre aux ouvriers de
« reprendre leurs travaux, aller reconnaître l'état des murs en
« briques dont ils se composaient et s'assurer qu'ils ne laissaient
« point passer de grisou. Il descendit accompagné de son maître-
« mineur ; arrivé à la galerie du niveau de 90 mètres, il promena
« partout sa lampe de sûreté et ne remarqua point d'indice de
« danger ; non content de cette expérience, il eut la malheureuse
« idée de prendre une lampe ordinaire, mais il ne l'eut pas plus
« tôt approchée du barrage que, rencontrant sans doute une fis-
« sure de laquelle se détachait un petit courant de gaz, il donna
« lieu à une inflammation qui se communiqua au gaz accumulé
« derrière le barrage, et qui produisit une explosion par suite
« de laquelle le mur fut projeté sur lui et lui fit à la tête plu-
« sieurs blessures fort graves. Le maître-mineur, qui se trou-
« vait derrière lui, fut lancé à trois mètres dans la galerie, mais
« en fut quitte pour quelques contusions sans gravité. »

Cet accident, que M. Manès a attribué au grisou, paraît plutôt avoir été causé par l'inflammation des gaz résultant de la distilation de la houille. S'il y avait eu une accumulation de grisou derrière le barrage, l'explosion aurait eu bien certainement des conséquences autrement désastreuses, et le maître-mineur qui était à côté de son ingénieur aurait été sans aucun doute tué sur le coup. D'ailleurs M. Manès dit que jamais on n'avait, avant les accidents des 19 et 25 mars, vu de grisou dans les travaux du puits du Creusot.

C'est donc très vraisemblablement à la détonation des gaz résultant de la distillation de la houille qu'il convient d'attribuer les accidents précités.

MINES D'ÉPINAC.

Les archives du bureau ne mentionnent que deux accidents de grisou survenus à la mine d'Épinac ; un seul a été très grave.

Dans les parties peu profondes, le gisement ne contenait pas de grisou ; c'est cette circonstance qui explique la rareté des explosions.

Accident du 17 avril 1871.

(10 ouvriers tués.)

Les exploitants avaient ouvert au puits de la Garenne, la profondeur de 459 mètres, un nouvel étage d'exploitation ; on procédait au traçage de ce massif, au moyen de deux galeries de direction situées l'une à 459, l'autre à 452 mètres, et reliées par des montages.

Les traçages s'effectuaient simultanément au nord et au sud du travers-bancs ; nous ne nous occuperons ici que du quartier nord (1), qui a été le siège de l'explosion.

Comme la couche devenait moins inclinée à une certaine distance du travers-bancs, et que les montages reliant les deux

---

(1) Ce district que les exploitants appellent quartier nord est en réalité situé à l'ouest.

galeries de direction auraient eu des longueurs trop grandes, on avait créé des sous-niveaux destinés à assurer la circulation de l'air.

Le plan ci-joint met d'ailleurs en évidence la disposition générale des travaux, et fait connaître le mode de distribution du courant d'air.

L'aérage était naturel : l'air descendait par le puits de la Garenne et remontait par le puits Micheneau.

On avait trouvé du grisou lors de l'exécution des montages numéros 1 et 2, et l'on avait dû avoir recours à l'emploi d'un ventilateur.

Le montage M, situé au point de partage des quartiers nord et sud, avait donné lieu à un dégagement de gaz, et l'on avait provisoirement arrêté ce chantier.

Le montage n° 3 avait été presque constamment grisouteux ; on l'avait muni d'un ventilateur soufflant.

L'avancement A du niveau inférieur était également grisouteux, comme on l'a constaté après l'accident.

Onze ouvriers étaient, le 17 avril 1871, occupés dans ce quartier Nord, savoir :

2 au point B,
3 au point C, au front de taille d'une descenderie,
2 au front de taille du montage n° 3,
1 au ventilateur,
2 à l'avancement D du niveau inférieur,
1 à l'avancement du niveau supérieur.

Le lundi 17 avril, le poste venait de descendre, et les ouvriers avaient eu à peine le temps de se mettre au travail, lorsqu'une explosion se produisit. La détonation a été d'ailleurs peu forte, car le maître-mineur, qui se trouvait à la recette du troisième étage, ne l'a pas entendue, il a senti seulement un coup de vent qui a éteint sa lampe.

L'ouvrier qui travaillait au point D a été renversé par la commotion, mais sa lampe n'a pas été éteinte, et il a pu gagner la direction du sud en descendant par le plan incliné EF.

Deux ouvriers qui étaient placés en haut du plan incliné EF ont senti également un coup de vent ; ils ont eu leurs lampes éteintes et ont reçu de la poussière, mais ils ont pu descendre ce plan incliné et revenir à la recette du quatrième étage par la galerie de niveau.

Les deux portes N et S avaient été renversées ; cette dernière fut rétablie aussitôt par le maître-mineur, et l'on put pénétrer dans les travaux. Il n'y avait aucun éboulement, mais on trouva dix cadavres dans la voie de roulage du fond, aux places désignées par les numéros 1, 2, 3, 4, 5, 6, 7, 8, 9, 10. Ces dix malheureux avaient tous été grièvement brûlés, mais la mort presque immédiate avait été provoquée par l'asphyxie.

L'un d'eux, celui qui était préposé au ventilateur, avait une blessure à la tête, attribuée à ce que cet infortuné avait été projeté contre un des parements des galeries.

Le point où les désordres causés par l'explosion ont paru être le plus considérables était situé à la rencontre du niveau inférieur avec le montage n° 2, en bas de la porte N. En cet endroit on a recueilli sur les bois des croûtes de coke qui avaient jusqu'à un centimètre d'épaisseur. Elles étaient toutes déposées sur la face est des bois. A partir du point de croisement, les dépôts de coke diminuaient et disparaissaient à 4 ou 5 mètres dans la direction de l'est, mais ils s'étendaient sur une distance plus considérable dans la partie de la voie de roulage située à l'ouest.

M Chosson, ingénieur des mines, admit en conséquence que les poussières avaient joué un rôle considérable dans l'explosion, et que « les brûlures des ouvriers devaient être surtout attri- « buées aux gaz de distillation de la houille qui avaient été cer- « tainement en volume bien plus considérable que le grisou ».

L'examen des lampes démontra que sur neuf qui avaient été retrouvées, cinq avaient été démunies de leurs treillis par les ouvriers auxquels elles avaient été confiées. Il a été aussi démontré qu'aux chantiers A, B et C, il y avait eu plusieurs lampes dégazées. En ce qui concerne le montage n° 3, on n'a retrouvé que deux lampes qui étaient d'ailleurs en bon état ; on n'a jamais su ce qu'était devenue la troisième.

Après l'explosion, on constata encore la présence du grisou dans le montage M, à l'avancement A et surtout dans le montage n° 3.

M. Chosson admit que le point de départ de l'explosion était dans le montage n° 3. Déjà, le samedi précédent, on avait reconnu un dégagement abondant de grisou dans ce chantier, et le lundi 17 avril, la quantité du gaz accumulé devait être très notable, par suite d'un chômage de 36 heures. C'était aussi, d'après M. Chosson, le seul point du district nord pouvant renfermer assez de grisou pour donner lieu à une explosion.

Il a donc été admis par cet ingénieur que le ventilateur n'avait

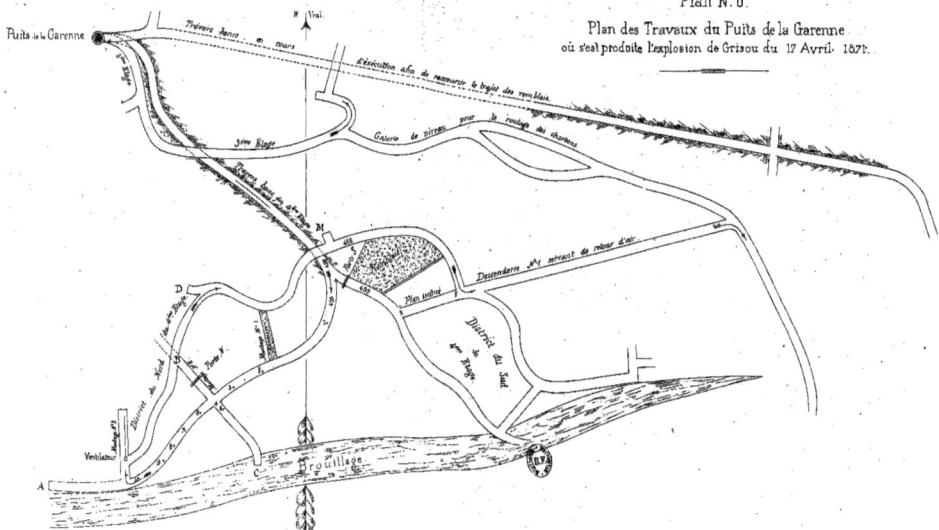

Plan des Travaux du Puits de la Garenne
où s'est produite l'explosion de Grisou du 17 Avril 1871.

pas encore purgé le montage, lorsqu'un ouvrier s'y introduisit afin de vérifier l'état du chantier, et mit par maladresse le feu au grisou. Comme le ventilateur avait dû fonctionner déjà pendant un temps suffisant, pour lancer une quantité d'air notable, le mélange d'air et de grisou était devenu explosif. Mais cette hypothèse soulève quelques objections.

Un fait assez singulier doit être relevé, en effet, à propos de cette explosion. Tous les ouvriers ont été brûlés; cependant les chantiers A et C étaient en cul-de-sac, et il semble que, conformément à ce qui s'est passé en 1867 au puits Sainte-Eugénie, ils auraient dû échapper aux brûlures.

Il faudrait donc admettre qu'ils n'étaient pas encore arrivés à leurs chantiers, quand l'explosion s'est produite.

Il convient de remarquer enfin, avant de clore cet exposé, que les croûtes de coke étaient toutes déposées sur la face est des cadres de boisage, c'est-à-dire à l'opposé de la direction probable du courant déterminé par l'explosion. Au puits Sainte-Eugénie en 1867, et en 1871 au puits Sainte-Marie, nous avons vu que les croûtes de coke étaient au contraire situées sur les faces des bois qui avaient reçu le choc de l'explosion.

Je n'insiste ici sur cette circonstance que parce qu'on y a attaché, dans certains cas. de l'importance (1) ; il semble probable, au contraire, qu'il n'y a pas de conséquences à déduire de la disposition des croûtes de coke ; elles peuvent, en effet, être aussi bien déposées par le courant direct que par le courant inverse qui accompagne toujours une explosion.

Autres accidents dus au grisou et n'ayant pas eu des conséquences aussi désastreuses.

Enfin, dix-neuf autres accidents ont été provoqués par le grisou, mais ils n'ont pas été aussi graves que les précédents; quelques-uns même n'ont eu que des conséquences peu importantes. Ils peuvent se résumer comme il suit dans le tableau ci-joint :

(1) *Bulletin de l'industrie minérale*, 1877, livraison 4, p. 808.

CONCESSIONS	PUITS	DATES	NOMBRE DE VICTIMES	CIRCONSTANCES dans lesquelles se sont produites les explosions et causes de ces dernières.
BLANZY.	Ste-Eugénie.	15 mars 1858.	1 mort.	Petite quantité de grisou accumulée dans une remontée en cul-de-sac. Inflammation provoquée par l'enlèvement du tamis de la lampe de sûreté.
	Ste-Marie.	9 janv.1846.	2 blessés.	Grisou se dégageant pendant le fonçage du puits. — Allumé par une lampe à feu nu.
	Ste-Marie.	13 août 1847.	2 blessés.	Grisou accumulé dans une remontée en cul-de-sac. — Un ouvrier met le feu en soufflant sur sa lampe dont le tamis était rempli de flammes.
	Ste-Marie.	4 avril 1848.	2 blessés.	Grisou accumulé dans une remontée en cul-de-sac. — Allumé par une lampe à feu nu.
	Ste-Élisabeth	21 oct. 1861.	1 blessé.	Grisou accumulé dans une remontée en cul-de-sac. — Allumé par une lampe à feu nu.
	Ste-Élisabeth	2 mai 1867.	2 blessés.	Cloche remplie de grisou dans une galerie. — Gaz allumé probablement par un ouvrier qui éclairait sa pipe.
	St-Claude.	29 mars 1874.	1 blessé.	Grisou amené inopinément par un soufflard dans une remontée en cul-de-sac. — Gaz allumé par une lampe à feu nu.
CREUSOT.	St-Éloi.	14 mai 1859.	1 mort.	Galerie non aérée dans un quartier grisouteux. — Gaz allumé par l'ouvrier lorsqu'il mettait le feu à un coup de mine.
	Chaptal.	30 nov. 1859.	1 blessé.	Grisou accumulé dans une galerie non aérée. — Inflammation provoquée par une lampe dégazée.
	St-Paul.	7 juin 1870.	1 mort.	Grisou accumulé dans une galerie abandonnée. — Un ouvrier y pénètre avec une lampe à feu nu.
	Puits XIX.	31 août 1874.	1 mort.	Cheminée renfermant du grisou qu'allume une lampe à feu nu.

CONCESSIONS	PUITS	DATES	NOMBRE DE VICTIMES	CIRCONSTANCES dans lesquelles se sont produites les explosions et causes de ces dernières.
EPINAC.	Curier.	2 déc. 1858.	1 mort.	Montage en cul-de-sac envahi par le grisou. — Gaz enflammé par une lampe à feu nu.
MONTCHANIN	Wilson.	20 avril 1858.	1 blessé.	Montage en cul-de-sac dans lequel se dégage du grisou. — Ce dernier est allumé par une lampe à feu nu.
	Wilson.	23 août 1861.	1 blessé.	Mêmes circonstances que pour le précédent.
LONGPENDU.	Louise.	17 juill. 1858.	2 blessés.	Mêmes circonstances que pour les accidents du puits Wilson.
PETITS-CHATEAUX.	Ste-Eugénie	5 mars 1859.	1 blessé.	Mêmes circonstances que pour les trois précédents.
SULLY.	Du Pré.	26 août 1847.	3 blessés.	Galerie abandonnée et remplie de grisou. — Des ouvriers y mettent le feu en agitant trop brusquement leurs lampes de sûreté.
GRAND-MOLOY.	Neuf.	22 janv.1875.	1 blessé.	Montage en cul-de-sac dans lequel se dégage du grisou. — Ce dernier est allumé par une lampe à feu nu.
RECHERCHES DE POLROY.	De Polroy.	17 avril 1859.	1 blessé.	Mêmes circonstances que pour le précédent.

Récapitulation des accidents dus au grisou.

Nous avons passé en revue dans le présent rapport 34 accidents, dont 27 causés par le grisou, 1 probablement par les poussières, et 6 par des explosions survenues derrière les barrages.

Le résumé qui a été fait ci-dessus des accidents dus au grisou permet de poser les conclusions suivantes :

1° Toutes les explosions survenues dans les mines de Saône-et-Loire se sont *exclusivement produites dans des chantiers en cul-de-sac, c'est-à-dire non ventilés.*

2° Quatorze explosions, soit plus de la moitié du nombre total, ont eu lieu dans des remontées.

3° Les causes qui ont provoqué l'inflammation du grisou se répartissent comme il suit :

Lampes à feu nu..........................	14
Lampes de sûreté ouvertes...............	3
Lampes de sûreté maniées d'une manière imprudente.........................	2
Coups de mine.........................	2
Imprudence d'un fumeur................	1
Causes inconnues......................	5

ÉTUDE DES MOYENS PRÉVENTIFS.

1° Examen du rôle joué par les poussières dans les explosions.

Il importe maintenant d'étudier quels sont les moyens propres à prévenir le retour de catastrophes comme celles qui sont venues, à plusieurs reprises, éprouver si durement les populations ouvrières.

Mais tout d'abord il est nécessaire de résoudre une question du plus haut intérêt.

Les grandes explosions qui se sont produites dans Saône-et-Loire sont-elles dues exclusivement au grisou, comme on le croyait jadis? Faut-il, comme on l'a dit depuis quelques années surtout, faire intervenir les poussières de charbon et considérer ces dernières comme jouant parfois le rôle capital dans les coups de feu, qu'elles soient ou non associées au grisou?

Raisons qui ont conduit à faire intervenir les poussières dans les explosions. — Les raisons qui ont fait invoquer le concours des poussières sont les suivantes :

1° On a constaté fréquemment, après une explosion, que les boisages étaient couverts de pellicules de coke ; des particules charbonneuses avaient donc distillé, sinon en totalité, du moins en partie, et avaient augmenté ainsi la proportion des gaz inflammables.

2° Enfin, et c'est là le principal motif, on a vu des mines être le théâtre d'épouvantables accidents, lorsque, quelques instants avant l'explosion, on n'avait constaté nulle part la présence du grisou en quantité suffisante pour justifier un semblable désastre.

On a donc pensé qu'il fallait recourir à une cause non étudiée encore, et autre que le grisou. Or on savait que les poussières de houille jouaient un certain rôle dans les explosions ; on a accru ce rôle, et quelques ingénieurs en sont venus à penser que les poussières avaient, dans bien des circonstances, causé à elles seules les désastres qu'on avait tout d'abord attribués au grisou.

La question soulevée étant de la plus haute importance, nous examinerons d'une manière détaillée si cette hypothèse est justifiée soit par la théorie, soit par l'observation, et si elle doit être invoquée en ce qui concerne les mines de Saône-et-Loire.

Comment l'inflammation peut se propager dans un mélange de poussières et d'air. — On conçoit que des pulvérins de houille impalpables, mélangés très intimement avec de l'air, puissent constituer un mélange explosif, c'est-à-dire que si une cause extérieure développe en un point l'inflammation du mélange, cette dernière puisse se propager. Chaque particule charbonneuse s'entoure, en effet, en brûlant, d'une auréole de flammes due à la combustion des gaz carbonés, ces flammes atteignent les particules de charbon voisines de la première, élèvent leur température et provoquent leur inflammation.

Nous verrons plus loin que l'observation et l'expérience montrent que ces conditions peuvent être réalisées dans la pratique, et que des explosions de poussières ont eu lieu ; mais, avant d'aborder ce sujet, il convient d'établir la façon dont se comportent les poussières lors d'un coup de feu, que ce dernier soit provoqué par le grisou ou par la combustion des pulvérins de houille.

Ces derniers subissent-ils seulement une distillation partielle ou peuvent-ils brûler complètement?

Les poussières ne subissent, lors d'une explosion, qu'un commencement de distillation. — Lorsqu'on place un morceau de charbon dans un foyer incandescent, on voit que tout d'abord la houille distille, et que les gaz produits s'enflamment en formant une auréole autour du fragment solide. Le charbon lui-même ne brûle pas, il est privé du contact de l'air par l'auréole enflammée qui l'entoure, et il est probablement refroidi par la distillation des produits gazeux.

Aussi remarque-t-on que le charbon solide ne commence à brûler que lorsque la majeure partie des matières volatiles s'est dégagée. C'est d'ailleurs cette propriété qui était utilisée dans les anciens fours de carbonisation dits *fours à boulangers.*

Lorsque des poussières en suspension dans l'air s'enflamment, les mêmes phénomènes doivent se manifester ; et la combustion est tout d'abord alimentée par les gaz de la distillation de la houille.

Or, une explosion étant par son caractère même le résultat d'une inflammation de très courte durée, il est naturel de penser que la combustion des poussières n'aura pas le temps de s'opérer d'une manière complète, *et se réduira à l'inflammation des gaz les plus volatils que dégage la houille sous la première impression de la chaleur.*

L'observation et l'expérience, bien que correspondant à un petit nombre de faits, paraissent confirmer cette conclusion.

M. Vital a observé que lorsqu'il reproduisait artificiellement une explosion, avec les pulvérins les plus ténus obtenus par tamisage des poussières recueillies dans les galeries de Campagnac, ces matières n'avaient perdu après le coup de feu que le tiers environ de leurs matières volatiles. (*Annales des mines,* 1875, 1ʳᵉ livraison, page 186.)

Ce même ingénieur a constaté que les croûtes de charbon carbonisé qu'il avait recueillies sur les boisages, après l'accident du 3 novembre 1874 à Campagnac, n'avaient perdu que le quart de leurs principes gazeux.

Après l'explosion du 8 novembre 1872, au puits Sainte-Eugénie, M. l'ingénieur en chef Jutier a fait analyser des poussières recueillies sur les cadres des galeries, et il a été constaté que tandis que les charbons du même puits renfermaient en moyenne 38 p. 100 de matières volatiles (cendres déduites), les poussières qui avaient subi le coup de feu n'en contenaient plus que 33 p. 100, soit une perte inférieure à 1/7.

L'explosion du puits Jabin (4 février 1876) a donné lieu à des analyses de poussières citées par M. Mathet (*Études sur le grisou,* page 80) et par M. Chauselle (*Bulletin de l'industrie minérale,* tome VI, 4ᵉ livraison, page 831). Les résultats sont indiqués dans le tableau suivant :

DÉSIGNATION DES EXPÉRIENCES.		MATIÈRES VOLATILES (cendres déduites).		PROPORTION des matières volatiles disparues.
		POUSSIÈRES normales.	POUSSIÈRES recueillies sur les bois après l'explosion.	
D'après M. Chanselle.	1er essai (dans un quartier de la mine).	29,80 p. 100	22,94 p. 100	$\frac{1}{4,3}$
	2e essai (dans un autre quartier de la mine.)	27,50 p. 100	20,08 p. 100	$\frac{1}{3.7}$
D'après M. Mathet.	1er échantillon. (Poussières carbonisées).	28,25 p. 100	22,20 p. 100	$\frac{1}{4,7}$
	2e échantillon. (Suies recueillies sur les bois).	28,25 p. 100	32,00 p. 100	augmentation.

Ces divers résultats nous semblent donc démontrer que, lors d'un coup de feu, les poussières de houille ne subissent qu'un commencement de distillation, la durée de l'inflammation étant trop courte pour qu'une combustion complète puisse avoir lieu.

Il faut, par suite, de grandes quantités de poussières pour que leur distillation donne un volume notable de gaz volatils capables de brûler, et il doit rester, après l'explosion, de très abondants dépôts de coke sur les parois et sur les cadres des galeries. Si ces dépôts sont peu développés, on peut en déduire que le rôle des poussières a été très secondaire.

Cette conclusion est importante. Il avait été admis, en effet, par plusieurs ingénieurs que les pulvérins pouvaient brûler complètement, et que plus cette combustion était parfaite, plus les effets de l'explosion étaient considérables, et moins on trouvait de résidu. Dans cette hypothèse il devenait impossible, après un coup de feu, de savoir quel était le rôle joué par les poussières.

Ces considérations préliminaires étant terminées, nous sommes conduits à étudier quel est le rôle qu'il convient d'attribuer aux poussières dans les explosions. Nous examinerons d'abord le cas où l'on n'a que des poussières et de l'air, puis nous arriverons au cas plus complexe d'un mélange de grisou, de poussières et d'air.

POUSSIÈRES ET AIR.

L'expérience et l'observation ont démontré qu'un mélange de poussières de houille et d'air avait, dans certaines circonstances, fait explosion au contact d'une lampe à feu nu, ou sous l'influence d'un coup de mine.

Cas où des poussières ont fait explosion au contact d'une lampe à feu nu. — Aux mines de Beaubrun, des lampes ont allumé à deux reprises au jour des poussières de charbon ; le feu d'une grille a produit dans un autre cas le même effet. On a observé alors des flammes s'élevant à 7 ou 8 mètres de hauteur, et accompagnées d'une légère détonation. Dans la même mine, des boiseurs auraient été brûlés, par suite de l'inflammation, au contact de leurs lampes, de la poussière qu'ils produisaient pendant leur travail. (*Annales des mines,* 1875, 1ʳᵉ livraison, page 179.) — A Alais, M. Veillon a observé des explosions dans le voisinage de broyeurs à charbon, au moment où, l'appareil venant d'être arrêté, des ouvriers munis d'une lampe à feu nu ouvraient une porte laissant tomber des pulvérins. (*Bulletin mensuel de l'industrie minérale,* novembre 1878, page 246.)

MM. Marreco et Morison ont observé aussi que certaines poussières de houille versées sur un bec de gaz produisent une détonation. (*Annales des mines,* 2ᵉ livraison, page 380.)

Le 7 février 1871, au puits Sainte-Marie de Montceau-les-Mines, un coup de mine débourré avait provoqué une traînée de flammes qui était venue brûler deux ouvriers situés à 15 mètres du coup de mine. (Cet accident a été décrit plus haut.)

Le 2 novembre 1874, à Campagnac, un coup de mine, en débourrant, détermina une inflammation de poussières qui s'étendit jusqu'à une distance d'environ 40 mètres et blessa trois ouvriers (*Annales des mines,* 1875, 1ʳᵉ livraison, page 180), et M. Vital a reproduit artificiellement, au laboratoire de Rodez, les conditions de cette explosion.

Le 8 juin 1872, à la Péronnière, un coup de mine a (sans débourrer) produit un jet de flammes qui a atteint deux ouvriers situés à une dizaine de mètres. (*Annales des mines,* 1872, 5ᵉ livraison, page 225.)

Le 12 décembre 1874, à la Béraudière, un coup de mine non

débourré provoqua une traînée de flammes rougeâtres qui allèrent brûler des ouvriers situés à une quinzaine de mètres. (*Annales des mines*, 1875, 1ʳᵉ livraison, page 179.)

Le 31 mai 1877, dans la même mine, un coup de mine non débourré aurait déterminé une explosion due à la combustion des poussières; trois ouvriers placés à 10 mètres de distance ont été brûlés, et un gouverneur a été renversé, bien qu'il fût distant de 200 mètres du front de taille du chantier. (*Bulletin mensuel de l'industrie minérale*, 1877, page 9.)

MM. Hall et Clark (*Bulletin de l'industrie minérale*, tome VII, 3ᵉ livraison, page 665) ont constaté que dans un coup de mine qui débourre, les flammes ne dépassent pas 4ᵐ,57 quand bien même on emploie de très fortes charges (1,133 grammes), mais que si l'on introduit dans la galerie des poussières de charbon, la traînée de feu s'étend sur une longueur de 41 mètres et provoque alors une commotion très forte.

Ainsi donc il résulterait des développements cités ci-dessus que les coups de mine qui débourrent, et même parfois ceux qui ne débourrent pas, peuvent occasionner l'inflammation des poussières de houille et déterminer un jet de flammes s'étendant sur plus de 40 mètres de longueur.

Cependant il convient de remarquer que tous les accidents qui ont été signalés se sont produits dans des mines à grisou, et qu'il n'est pas démontré que ces gaz n'aient pas joué un rôle prépondérant. De ce qu'on n'avait pas vu de grisou dans les chantiers, il serait téméraire de conclure qu'il n'y en avait pas du tout.

Un exemple suffira d'ailleurs pour justifier cette assertion.

Le 29 juin 1878, une petite explosion survenue aux Salles de Ganières, dans un chantier en cul-de-sac, avait été attribuée à ce qu'une lampe à gaz était tombée sur du charbon qu'on venait d'abattre; « aucune trace de grisou n'avait été, disait-on, cons- « tatée dans le chantier, ni avant ni après l'explosion. » (*Bulletin de l'industrie minérale*, novembre 1878, page 246.)

Or, en reprenant plus tard l'avancement de ce chantier, on a constaté que le grisou se dégageait en telle abondance qu'on a dû suspendre le travail. (*Bulletin mensuel de l'industrie minérale*, février 1879, page 5.) La petite explosion du 29 juin 1878 devait donc être imputée au grisou et non aux poussières, comme on l'avait cru d'abord.

Le soussigné serait disposé à croire que, dans bien des cas, il en a été de même, et qu'on a eu tort, parce que le grisou n'avait pas été constaté, de conclure d'une manière aussi absolue à son absence.

Il y aurait donc probablement lieu de réduire, d'une manière très notable, le nombre des explosions imputables à l'action des coups de mine sur les pulvérins de houille.

Cependant il peut être considéré comme suffisamment démontré que, dans certains cas, des poussières de houille font explosion. Mais, en somme, ces exemples sont peu nombreux, et si l'on songe que dans les mines de charbon de très nombreuses causes (coups de mine, éboulements, etc.) provoquent à tout instant des nuages de poussières, que dans les ateliers de criblage et de broyage il y a constamment de grandes quantités de pulvérins impalpables en suspension dans l'atmosphère, on en conclut que ce n'est que dans des cas tout à fait exceptionnels et extrêmement rares, qu'un mélange d'air et de poussières a pu produire une explosion.

Les explosions de poussières sont toujours peu étendues. — Enfin les développements fournis plus haut montrent que lorsque des explosions de poussières se sont produites, elles ont été très locales, très limitées et n'ont pas entraîné de véritables catastrophes.

On n'a jamais cité, en effet, une mine de houille non grisouteuse dans laquelle se soient produits de grands accidents dus à des coups de feu.

Telles sont les conclusions auxquelles conduit l'observation des faits survenus dans les exploitations houillères.

Les résultats fournis par l'observation des faits peuvent être déduits des considérations théoriques. — Il ne sera peut-être pas inutile de montrer que des considérations théoriques permettaient de prévoir ce résultat, et d'établir qu'un mélange de poussières et d'air doit, pour être explosif, satisfaire à des conditions multiples qui ne peuvent, dans une mine, être réalisées que rarement et seulement sur de très faibles étendues.

Nous avons vu précédemment que, lors d'un coup de feu, les poussières ne subissent qu'un commencement de distillation, et ne perdent que le quart environ de leurs matières volatiles; avec de la houille renfermant 30 pour 100 de principes gazeux, 1 kilogramme de poussières, réparti dans un mètre courant de galerie renfermant 4 mètres cubes d'air, ne donnerait ainsi qu'un volume de gaz combustibles égal à 2,5 pour 100 du volume d'air. Or il résulte des expériences de Payen (1) que les premiers gaz dégagés par la houille, lors de la distillation, ont une grande analogie avec le grisou. Si nous admettons que les propriétés de ce gaz soient les mêmes que celles du grisou (hypothèse qui, sans être très exacte, peut suf-fire cependant pour une évaluation approximative), une explosion de poussières ne pourrait avoir lieu que lorsque la proportion de gaz dégagés serait au moins égale à 8 p. 100 du volume d'air, c'est-à-dire qu'il faudrait par mètre courant de galerie plus de 3 kilogrammes de poussières, soit près de 1 kilogramme par mètre cube d'air. M. Galloway serait arrivé expérimentalement au même résultat.

Il est évident que de telles quantités de poussières ne peuvent se rencontrer que d'une manière bien rare et bien accidentelle dans une mine de houille.

En outre, il résulte des expériences fort intéressantes exécutées par M. Vital, au laboratoire de Rodez, que les poussières de Campagnac, qui avaient produit un premier coup de feu, étaient impropres à en provoquer un deuxième.

Cependant ces poussières n'avaient perdu que le tiers de leurs matières volatiles, et en renfermaient encore 33 p. 100. On conçoit donc que beaucoup de houilles peu riches en principes gazeux soient impropres à provoquer une explosion.

Les mêmes expériences de M. Vital ont démontré également que les poussières ne déterminent plus d'explosion sensible « dès que les dimensions des grains s'élèvent à une fraction « appréciable du millimètre. »

Par conséquent, il faut, pour avoir une explosion de poussières, que les conditions suivantes soient réalisées :

Poussières extrêmement ténues, très abondantes, et probablement houille très gazeuse.

---

(1) D'après Payen, les résultats de la distillation d'heure en heure seraient les suivants :

	C^4H^4.	C^2H^4.	H.	CO.	Az.
1re heure.	13	82,50	0	3,20	1,30
2e heure.	12	72,00	9	2,00	1,3
3e heure.	12	58,00	16	12,30	1,7
4e heure.	7	56,00	21	11,00	4,7
5e heure.	0	20,00	60	10,00	10,00

Si l'on remarque encore qu'un mélange d'air et de pulvérins ne peut se maintenir homogène que pendant un temps très court, à cause des différences d'état physique et de densité que présentent ces deux éléments, on en conclura qu'une explosion de poussières, qu'on a beaucoup de peine à réaliser artificiellement, ne peut être que très exceptionnelle et très locale dans une mine de houille (1).

POUSSIÈRES, GRISOU ET AIR.

Opinions émises par divers auteurs. — Mais il reste à examiner le cas où il y aurait dans une mine un mélange de grisou, de poussières et d'air. M. Galloway attribue divers accidents survenus en Angleterre (*Bulletin de l'industrie minérale*, tome VII, 3ᵉ livraison) à la présence d'un peu de grisou et de beaucoup de poussières.

M. Verpilleux avait antérieurement émis la même opinion. (*Annales des mines*, 1867, 6ᵉ livraison, page 564.) Il avait même formulé sa pensée d'une manière pittoresque en disant que « dans bien des cas le grisou sert de capsule et la poussière « remplace la poudre ».

Or l'étude des accidents survenus dans Saône-et-Loire ne permet pas d'admettre pour les mines de cette région une semblable hypothèse. Les arguments suivants peuvent être fournis à l'appui de cette opinion.

Raisons qui ne permettent pas d'attribuer une sérieuse influence aux poussières dans les coups de feu. — 1° Il existe dans les concessions de ce département quelques mines qui ont toujours eu très peu de grisou. Ce sont les mines de Montchanin, de Longpendu, du Grand-Moloy et d'Épinac (du moins, en ce qui concerne cette dernière mine, pour les travaux situés à une profondeur inférieure à 400 mètres). Or, dans toutes ces houillères, il y avait des poussières, et à Épinac elles y étaient même d'une abondance excessive.

(1) On peut remarquer en outre que la force explosive d'un mélange dépend non seulement de la propriété qu'il a de s'enflammer de proche en proche, mais encore de la vitesse avec laquelle la combustion se propage. Dans le cas des poussières, l'inflammation, étant précédée de la distillation de la houille, doit se propager moins vite que lorsqu'on a affaire à du grisou, et l'explosion doit être aussi moins forte.

On avait donc, pour employer l'expression de M. Verpilleux, assez de grisou pour servir de capsule, et assez de poussières pour remplacer la poudre. Cependant les accidents y ont toujours été tout à fait insignifiants, et dus à la même cause, à la présence de remontées non aérées et remplies de grisou qu'allumait une lampe à feu nu.

2° Dans toutes les couches de houille puissantes, il se développe fréquemment des incendies souterrains, qu'on combat au moyen de barrages destinés à empêcher l'arrivée de l'air. Mais on constate souvent qu'au moment où l'on achève l'exécution de ces barrages, il se produit des explosions parfois très violentes. Cette circonstance doit provenir de ce que la quantité d'air qui arrive dans le quartier incendié diminuant de plus en plus, tandis que la production des gaz formés par la distillation et la combustion de la houille se maintient, le mélange de l'air et de ces gaz devient explosif.

Nous avons passé en revue, dans le présent rapport, divers accidents dus à des détonations de cette nature. Mais il s'en est produit assurément un bien plus grand nombre, dont il n'a pas été tenu compte, parce qu'il n'en était pas résulté d'accidents de personnes.

M. Fayol, dans un mémoire fort intéressant sur les houillères de Commentry (*Bulletin de l'industrie minérale*, tome VIII, 3° livraison, 1879), énumère également de nombreuses explosions survenues dans des circonstances analogues.

Or ces incendies se produisent généralement pendant le dépilage, c'est-à-dire à un moment où l'exploitation est active et où de nombreux chantiers fournissent d'abondants pulvérins.

Un quartier incendié réalise parfaitement ainsi les conditions que quelques ingénieurs croient suffisantes pour la production d'un grand coup de feu ; de l'oxyde de carbone et du grisou sont fournis par la houille, et les poussières sont abondantes. Il semble donc que lorsqu'une explosion s'y produit, que les barrages sont renversés et que la commotion soulève des tourbillons de poussières, on devrait avoir de grands coups de feu. Cependant l'observation des faits montre qu'il n'en est rien. Ce sont toujours des explosions très locales, et pas plus dans Saône-et-Loire qu'à Commentry, où cependant les houilles sont essentiellement gazeuses, on n'a eu dans des circonstances analogues à déplorer de grandes catastrophes.

L'accident le plus grave survenu dans Saône-et-Loire a entraîné seulement la mort de deux ouvriers, et à Commentry, mine très sujette aux incendies, mais sans grisou, le nombre maximum de victimes a été de quatre. (Mémoire de M. Fayol, page 719.)

3° Nous avons vu que dans Saône-et-Loire, les coups de feu se sont toujours produits pendant le traçage ou au commencement du dépilage. Or on constate que le grisou, qui se dégage parfois abondamment au début de l'exploitation d'un massif, ne se montre plus ensuite qu'exceptionnellement. Les premières galeries produisent un véritable drainage du gaz.

Les poussières deviennent, au contraire, d'autant plus abondantes que l'exploitation est plus avancée, que la quantité de houille abattue a été plus considérable, et que les galeries ont fourni un plus long service.

On peut donc dire que dans un quartier grisouteux, il y a au commencement des travaux peu de poussières et beaucoup de grisou, et à la fin beaucoup de poussières et peu de grisou.

Or l'observation montre que dans Saône-et-Loire les accidents ne se sont jamais produits à la fin des dépilages, c'est-à-dire qu'une explosion n'a jamais eu lieu au moment où il ne pouvait y avoir que peu de grisou.

4° Enfin un dernier argument, qui démontre que le grisou seul a joué dans les accidents de notre région un rôle important, est fourni par le fait suivant : c'est que toutes les explosions ont eu lieu dans des chantiers en cul-de-sac, c'est-à-dire lorsque les conditions étaient essentiellement favorables à une accumulation de gaz inflammable.

Ces diverses considérations nous autorisent donc à dire que les accidents que nous avons passés en revue ne peuvent être attribués ni à l'explosion d'un mélange d'air et de poussières, ni à celle d'un mélange d'air, de poussières et d'un peu de grisou.

Examen des accidents pour lesquels on avait invoqué l'intervention des poussières. — Examinons d'ailleurs de plus près les accidents pour lesquels quelques ingénieurs ont attribué aux poussières un rôle prépondérant : ce sont ceux du puits Sainte-Eugénie (décembre 1867 et novembre 1872) et du puits de la Garenne d'Épinac (avril 1871).

Accident du 12 décembre 1867 au puits Sainte-Eugénie.

Des dépôts de coke assez abondants ont été signalés, mais ce qui est singulier, c'est qu'on les mentionne seulement dans les travaux en cul-de-sac qui ont été le siège de coups de feu. Or il a été établi que précisément dans ce quartier il y avait du grisou. Il n'était donc nullement besoin qu'il y eût des poussières pour qu'une explosion s'y produisît. Mais dans les autres quartiers, par exemple dans la grande galerie de roulage, qui reliait au puits les travaux en descenderie, et qui a été entièrement parcourue par les flammes, il pouvait être naturel de supposer que les poussières avaient joué un rôle important, puisqu'elles devaient y être abondantes, et que la direction du courant d'air semblait s'opposer à la présence du grisou. On devait par suite s'attendre à trouver sur les boisages de nombreux débris de coke; or le procès-verbal de l'accident dressé par M. l'ingénieur Chosson mentionne expressément qu'il n'y en avait pas.

Accident du 8 novembre 1872 au même puits.

De tous les accidents survenus dans Saône-et-Loire, le plus extraordinaire est assurément celui du 8 novembre 1872 au puits Sainte-Eugénie. Un coup de feu considérable s'y produit à un moment où l'on croyait la mine exempte de grisou. C'est dans ce cas qu'on serait naturellement tenté de chercher, en dehors de ce gaz, une explication de la catastrophe. Mais nous avons déjà dit qu'à cette époque, malgré les recherches attentives qui ont été poursuivies, on n'a trouvé dans les travaux, après l'explosion, que des traces insignifiantes de coke sur les cadres des boisages, circonstance qui exclut toute intervention sérieuse des poussières.

C'est donc le grisou seul qui doit être rendu responsable de ces deux catastrophes, et cette conclusion devient plus évidente quand on examine le plan n° 4, qui figure les travaux poursuivis dans la couche n° 1 du Montceau, et indique les points de départ des quatre explosions de 1851, 1853, 1867, 1872. Les deux premières ont toujours été exclusivement attribuées au grisou, qui était alors extrêmement abondant; or c'est tout à côté de ce même quartier qu'ont eu lieu les deux autres. Cette circonstance dénote qu'il y avait là un massif essentiellement chargé de grisou, et que c'est ce gaz qui a provoqué les accidents.

Il y a aucune raison, en effet, pour que les poussières soient, au puits Sainte-Eugénie, plus abondantes et plus dangereuses sur ce point que sur un autre, tandis qu'il y a toujours dans une mine des régions qui fournissent plus de grisou que les régions voisines.

Accident du 17 avril 1871 au puits de la Garenne.

Nous avons vu que, dans ce puits, il y avait divers chantiers en cul-de-sac, dont quelques-uns en remontée. La présence du grisou y a été reconnue avant et après l'explosion.

Cependant ce gaz est toujours peu abondant à Épinac, et il devait certainement être en assez minime quantité le 17 avril 1871.

Mais, en revanche, il y avait beaucoup de poussières, car les charbons de cette mine en donnent énormément. On était ainsi le 17 avril 1871 en présence de chantiers renfermant une quantité de grisou peu considérable, mais contenant beaucoup de poussières, et communiquant avec une grande étendue de travaux dont toutes les galeries étaient chargées de pulvérins. Par conséquent, on aurait dû, si réellement les poussières jouaient un rôle aussi important que quelques ingénieurs l'ont supposé, avoir une grande surface de la mine envahie par les flammes. Or il n'en a rien été; le coup de feu, comme l'établit la description qui a été donnée plus haut, a été très localisé, par conséquent le grisou seul a joué un rôle prépondérant.

Conclusions. — Nous croyons donc avoir suffisamment établi que *tous les accidents survenus dans Saône-et-Loire doivent être attribués au grisou, et que l'influence des poussières a toujours été très secondaire.*

Nous nous estimons, d'ailleurs, heureux de pouvoir formuler cette conclusion; le grisou est déjà, en effet, un ennemi suffisamment redoutable pour le mineur, et si ce dernier avait à craindre au même titre les explosions de grisou et les explosions de poussières, il lui serait bien difficile d'assurer sa sécurité.

Véritable rôle des poussières. — Cependant, bien que le rôle des poussières nous paraisse être très effacé dans les coups de feu, il n'est pas douteux qu'elles ont une certaine action. Les grains de coke qu'on recueille sur les boisages démontrent que quelques pulvérins ont distillé sous l'influence de l'inflammation du grisou, et ont formé ainsi des gaz combustibles qui n'ont pu qu'accroître les effets de l'explosion. Il est même probable que cette distillation donne un peu d'oxyde de carbone qui aggrave les effets délétères des gaz produits.

Nous verrons plus loin comment il convient de remédier à cet inconvénient.

Mais alors, dira-t-on, puisque les poussières sont impropres à provoquer des explosions sérieuses, comment se fait-il que des mines, dans lesquelles on ne voit, à un moment donné, que peu ou pas de grisou deviennent, quelques heures après, le théâtre d'épouvantables accidents?

Quelles doivent être les causes des explosions qui surviennent inopinément dans certaines mines? — Diverses observations peuvent être présentées à ce sujet :

1° D'abord, les moyens de constatation du grisou avec une lampe de sûreté sont défectueux. On ne le reconnaît bien, dans la mine, que lorsqu'il forme déjà 3 ou 4 p. 100 du mélange. Or des expériences assez récentes de M. Coquillon il résulterait que déjà, lorsque le mélange renferme 5, 8 p. 100 de grisou, il devient explosif. Une addition, même minime, de grisou suffit donc pour rendre dangereux un mélange qui, d'après les indications de la lampe de sûreté, paraissait être inoffensif.

La découverte d'un procédé simple et efficace dénotant la présence du gaz, lorsqu'il n'est qu'en faible quantité, rendrait donc d'immenses services. Aussi il est à désirer que la lampe de MM. Mallard et Le Châtelier justifie les espérances qu'elle a fait naître.

2° Le grisou, en vertu de sa faible densité, se loge toujours à la partie supérieure des galeries, derrière les cadres de boisage; il pénètre dans les fissures que déterminent généralement les travaux au plafond des voies souterraines.

Il peut échapper ainsi aux recherches des surveillants jusqu'à ce qu'une commotion produite par une inflammation survenue en un point des travaux le fasse sortir de sa retraite et affluer dans les galeries, où il s'enflamme à son tour.

Enfin il convient d'ajouter qu'il peut se produire des dégagements instantanés de gaz inflammable. Sans doute, dans Saône-et-Loire, il n'y a pas d'exemples d'invasions brusques, subites et considérables de grisou, comme le fait a eu lieu à Frameries, et dans d'autres mines belges; mais, cependant, il est bien probable que, dans certains cas, il s'est produit des affluences importantes de ce gaz, soit au voisinage d'une faille, soit par le fait du forage d'un coup de mine.

Callon a déjà très nettement indiqué, dans son *Traité d'exploitation*, tome II, p. 415, quel est le rôle des failles dans le dégagement du grisou. Nous nous contenterons donc d'insister sur celui que peuvent avoir les forages des coups de mine.

Aux charbonnages de l'Aggrape (*Belgique*), on a constaté qu'au fond d'un trou de sonde, de 8 à 9 mètres de profondeur, la préssion du grisou dépassait 16 atmosphères. (*Bulletin mensuel de l'industrie minérale*, 1879, page 165.) Si donc un coup de mine un peu profond vient à atteindre des régions où le grisou existe à une pression de plusieurs atmosphères, ne doit-on pas s'attendre à voir ce forage en déverser tout à coup dans la mine des volumes importants? Le fait s'est d'ailleurs présenté aux mines de Ronchamp et a provoqué le 23 janvier 1869 une grave explosion. (*Études sur le grisou*, par M. MATHET, page 19 et suivantes.)

Dans un chantier de ces houillères jusque-là non grisouteux le forage d'un coup de mine a déterminé la production d'un soufflard qui a persisté après l'explosion.

Il ne serait nullement impossible qu'un fait analogue se fût présenté en 1872 au puits Sainte-Eugénie de la mine de Blanzy, et peut-être dans d'autres explosions.

Nous croyons donc que, soit par suite de la difficulté que présente la reconnaissance, par la lampe de sûreté, du grisou, même en notables proportions, soit par suite de l'existence de vides dans lesquels ce gaz peut se loger, soit, enfin, par l'effet des invasions subites de gaz que peuvent produire une faille, le forage d'un coup de mine, etc., il a pu y avoir assez de grisou dans les travaux pour expliquer les accidents que nous avons passés en revue

2° Moyens préventifs contre le grisou.

Nous traiterons donc successivement et succinctement les sujets suivants :

  1° Éclairage ;
  2° Aérage ;
  3° Disposition à donner aux travaux ;
  4° Emploi de la poudre ;
  5° Moyens préventifs divers.

Mais il est bien entendu que les conclusions qui seront formulées concernent spécialement les mines de Saône-et-Loire.

Éclairage.

Dans les exploitations houillères de Saône-et-Loire on fait exclusivement usage des lampes Dubrulle. Il résulte des expériences faites par une commission belge que la lampe Museler type offre plus de sécurité que la lampe Dubrulle. (*Bulletin de l'industrie minérale*, 1878, 4ᵉ livraison, page 877.)

Il pourrait donc être opportun de recommander l'emploi de la lampe Museler.

Cependant il faut reconnaître que l'insuffisance de la lampe Dubrulle ne semble pas devoir être invoquée dans les divers accidents de grisou que nous avons étudiés.

Le seul reproche qui doive lui être fait, mais auquel la lampe Museler n'échappe pas non plus, c'est qu'il est facile aux ouvriers de l'ouvrir.

Ainsi, en 1871, au puits de la Garenne d'Épinac, on a constaté, après l'accident, que la plupart des lampes avaient été dégazées; et il faut reconnaître que, malgré les amendes qui sont infligées et les poursuites correctionnelles qui ont été à plusieurs reprises dirigées contre les délinquants, le fait d'ouverture de lampes n'est malheureusement pas rare.

Il y aurait donc grand intérêt à ce que le problème, depuis longtemps cherché, d'une fermeture capable de défier les tentatives des ouvriers, fût enfin résolu.

Aérage.

Nous avons vu que, dans notre département, toutes les explosions, sans exception, avaient pris naissance dans des chantiers en cul-de-sac, de telle sorte qu'il est permis de dire que si les mines avaient été ventilées dans toutes leurs parties, si les culs-de-sac n'avaient pas existé, les explosions auraient été totalement supprimées.

C'est donc la ventilation qui doit être la principale préoccupation des exploitants. Il faut que chaque chantier soit convenablement aéré.

Cette condition est le plus souvent impossible à réaliser pendant la période du dépilage, mais elle peut l'être pendant le traçage, et nous avons vu que c'est à peu près exclusivement à ce moment que les explosions ont eu lieu.

Mode d'aérage des travaux de préparation. — Il est donc essentiel d'exiger que, dans les mines grisouteuses, les fronts de taille de toutes les galeries de préparation et de reconnaissance soient balayés par un courant d'air suffisant pour diluer le grisou.

L'emploi des ventilateurs à main doit être absolument proscrit ; d'abord, ils ne donnent que peu d'air, et, en outre, ils ne fonctionnent que d'une manière intermittente.

Les accidents de 1855 au puits Sainte-Marie de Blanzy, de 1871 au puits de la Garenne d'Épinac, viennent d'ailleurs à l'appui de cette opinion et permettent d'affirmer les mauvais services des ventilateurs à main pour l'aérage des chantiers en cul-de-sac.

Le seul moyen qui soit actuellement recommandable consiste à diviser la galerie à ventiler en deux compartiments, au moyen d'une cloison en planches ou mieux encore en briques. Dans ces conditions, on peut conduire au front de taille un courant régulier répondant à un volume d'air notable.

Dans les mines de Blanzy, où l'on fait usage de cloisons en planches, on a généralement, lorsque ces dernières sont en bon état (et elles sont presque toujours ainsi), un volume d'air d'environ un mètre cube par seconde au front de taille de chaque chantier. Il semble, d'ailleurs, qu'il convient, dans la plupart des cas, pour un bon aérage, d'avoir un courant de cette importance.

Mais les cloisons en briques et surtout en planches donnent toujours lieu à des pertes d'air notables, et, pour ce motif, elles ne sauraient avoir une grande longueur. Il sera ainsi toujours nécessaire, pour les traçages, de pratiquer des galeries parallèles reliées de distance en distance par des traverses qui serviront au passage du courant d'air. Ce n'est qu'à partir de la dernière traverse que régneront les cloisons d'aérage.

Enfin on devra s'abstenir avec grand soin de faire des remontées. Nous avons vu, en effet, d'après la statistique des accidents, que plus de la moitié d'entre eux a eu lieu dans les remontées. Les descenderies seules devront être pratiquées; et si, par hasard, un travail en remontée est nécessaire, il conviendra d'instituer sur ce chantier une surveillance toute spéciale.

Dans ces conditions, on peut affirmer qu'à moins d'avoir des invasions de grisou brusques et considérables, comme celle de Frameries, par exemple, on évitera à coup sûr les explosions durant la période si dangereuse du traçage.

Aérage des travaux pendant le dépilage. — Pendant le dépilage, il est beaucoup plus difficile d'aérer les chantiers; dans l'emploi de la *Méthode en travers*, avec recoupes distribuées à partir d'une voie de roulage principale, la ventilation de chacun des fronts de taille serait à peu près impraticable. Le croquis ci-contre, qui figure l'une des dispositions les plus usuelles des travaux dans la méthode en question, met en évidence les difficultés de l'aérage : il faudrait, en effet, pour arriver à ce résultat, disposer des cloisons dans chacun des chantiers *aaa....* *bbb.....*

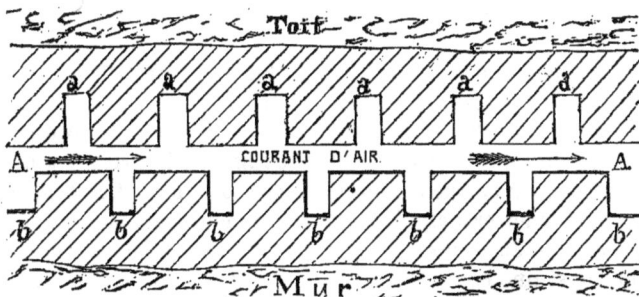

Mais si l'on songe que chaque cloison doit être accompagnée d'une porte située dans la galerie principale AA, que le nombre des chantiers de dépilage est toujours élevé, que les charbons sont brisés par suite du tassement des remblais, et que le toit des galeries s'affaisse constamment, on reconnaît que l'emploi de gaines d'aérage, très pratique dans les galeries de traçage, qui sont toujours peu nombreuses, ne peut être généralisé dans les galeries de dépilage. Dans ce dernier cas chaque chantier est donc généralement en cul-de-sac, et l'aérage ne s'y fait que par diffusion.

Sans doute il y a, pendant le dépilage, des dégagements de grisou beaucoup moins importants que pendant le traçage ; cependant, au début de cette opération, il peut encore se produire des catastrophes, comme l'a démontré l'explosion survenue en 1872 au puits Sainte-Eugénie de Blanzy.

Résumé et considérations générales sur l'aérage. — Il convient donc d'adopter les mesures suivantes :

1° Limiter le plus possible la longueur des galeries en cul-de-sac.

2° Faire circuler dans les voies de roulage desservant des galeries non aérées un grand volume d'air, de telle sorte que si du grisou se dégage à l'un des chantiers, ce dernier puisse seul renfermer un mélange explosif;

3° Surveiller avec soin tous les fronts de taille, et, dès que le grisou se montre à l'un d'eux, installer une cloison d'aérage,

quelles que soient la gêne et la dépense qui puissent en résul-
ter; il importe de balayer le gaz, et il est irrationnel de barrer
le chantier, comme on le fait souvent, en laissant le grisou s'y
accumuler et former un réservoir dangereux. Quand le gaz inflammable se montre quelque part dans une mine, il faut, au
lieu de battre en retraite, et à moins d'impossibilité, engager
tout de suite la lutte avec lui et le déloger de toutes les parties
où il s'est accumulé.

Les accidents du 26 août 1847 à Sully, du 7 juin 1870 au Creusot, et, enfin, le désastre survenu le 22 décembre 1855 au puits
Sainte-Marie de Blanzy, démontrent le danger que présente
l'existence de chantiers en cul-de-sac remplis de grisou, quand
bien même leur entrée est interdite aux ouvriers. Ces derniers
peuvent y pénétrer malgré la défense qui leur a été faite, comme
cela a eu lieu au Creusot et à Sully, lors des accidents précités.
En outre, si une explosion se produit sur un autre point de la
mine, ces réservoirs de grisou peuvent jouer alors un rôle fu-
neste, ainsi qu'il est arrivé au grand accident du puits Sainte-
Marie.

Le procédé consistant à isoler le grisou au moyen d'un barrage ne semble donc devoir être appliqué que lorsqu'il est
impossible de procéder autrement.

Dans les mines très grisouteuses, il serait assurément convenable de n'entreprendre le dépilage que lorsque les massifs de
houille ont été suffisamment drainés par les galeries de traçage.

C'est, d'ailleurs, ce qui a généralement lieu dans Saône-et-
Loire. Mais, dans d'autres bassins houillers, la disposition des
gisements, les exigences de la production et l'économie de l'aba-
tage ne permettent pas de procéder ainsi, et le dépilage suit
souvent de très près le traçage ; quelquefois même on supprime
cette opération préliminaire.

Il me paraît inutile d'insister, d'ailleurs, sur l'importance que
présentent, au point de vue de l'aérage, la division du courant
en plusieurs courants secondaires et indépendants; l'éloignement des chantiers, où travaillent les mineurs, des courants très
chargés de grisou ; le bon entretien et les grandes sections des
galeries servant à la circulation de l'air; l'emploi de puissants
ventilateurs reversibles, c'est-à-dire pouvant à volonté aspirer
ou refouler : ces questions sont connues de tous les ingénieurs.

Je me bornerai donc à insister sur ce qui concerne la surveillance de l'aérage.

Il convient, d'une part, d'avoir dans toutes les mines grisouteuses un surveillant spécial ayant pour mission exclusive de s'occuper du grisou et des moyens préventifs employés contre ce gaz. Il aurait à visiter les chantiers non seulement avant l'arrivée des ouvriers, quand il y a eu interruption de travail dépassant une heure ou deux, mais encore pendant la durée du poste. Ce surveillant aurait à s'assurer que les lampes de sûreté ne sont pas ouvertes et ne sont pas détériorées, que les cloisons d'aérage fonctionnent bien, que les portes sont fermées ; en un mot il aurait à vérifier si toutes les prescriptions relatives au grisou sont régulièrement exécutées.

Enfin, comme il faut que cette inspection assidue, constante, laisse des traces, le surveillant aurait à rédiger chaque jour un rapport succinct relatant les faits survenus.

Utilité des jaugeages des courants d'air. — En outre, il est essentiel que des jaugeages des courants d'air soient régulièrement effectués et que les résultats soient reportés sur un registre spécial, auquel sera annexé un plan faisant connaître la distribution générale du courant et les stations où les observations auront été faites.

Cette mesure, qui a été mise à exécution dans Saône-et-Loire depuis 1873, à l'instigation de M. l'ingénieur en chef des mines Jutier, a donné déjà d'excellents résultats (1).

Elle a permis, soit à l'administration, soit aux exploitants eux-mêmes, de reconnaître les défauts que présentait dans certains cas l'aérage, et a provoqué ainsi de très grandes améliorations. De nombreuses installations de ventilateurs, tant à Blanzy qu'à Épinac, ont été la conséquence de cette attention soutenue qu'ont apporté aux questions d'aérage soit le service des mines, soit les concessionnaires.

Ainsi il n'existe plus à Blanzy un seul quartier grisouteux qui ne soit aéré par un ventilateur Guibal pouvant débiter de grands volumes d'air.

Aussi doit-on constater avec satisfaction que, de 1873 à 1879, il n'y a eu dans Saône-et-Loire aucune sérieuse explosion de grisou ; cet heureux résultat doit être attribué sans contredit aux perfectionnements qui ont été apportés depuis cette époque à l'aérage des mines.

(1) Le règlement des mines de Blanzy en date du 7 mars 1868 portait bien que des jaugeages des courants d'air seraient régulièrement effectués, mais ces prescriptions étaient demeurées lettre morte jusqu'en 1873.

DISPOSITION GÉNÉRALE A DONNER AUX TRAVAUX.

Cette question de la disposition générale à donner aux travaux est très vaste et ne saurait être abordée ici ; elle exigerait des développements considérables, parce qu'il faudrait examiner séparément les diverses méthodes d'exploitation.

Je me contenterai donc de signaler quels sont les principes qui doivent, dans tous les cas, servir de guide à l'exploitant.

1° Entrée et sortie d'air par des ouvertures distinctes, l'orifice de sortie d'air devant être situé autant que possible à l'une des extrémités de la partie supérieure du champ d'exploitation. Il est mauvais de faire revenir, près du point d'entrée, le courant qui a parcouru les travaux, ainsi que cela se pratique fréquemment. La disposition de puits d'entrée et de sortie d'air placés à côté l'un de l'autre est défectueuse ; elle entraîne des pertes notables, de sorte qu'il n'arrive presque point d'air aux extrémités du champ d'exploitation ; elle exige l'installation de nombreuses portes d'aérage, dont le fonctionnement laisse toujours beaucoup à désirer, et elle rend fort difficile la rentrée dans les travaux après un coup de feu.

2° Division du champ d'exploitation en quartiers aérés par des courants distincts.

Dans chacun de ces quartiers, on devra pratiquer une exploitation *intensive,* c'est-à-dire concentrer tous les chantiers sur un faible espace, ainsi que cela se pratique à Montrambert.

Indépendamment des avantages évidents qui en résulteront au point de vue de l'économie de l'extraction, on aura la faculté précieuse de pouvoir lancer tout le courant d'air sur le quartier en exploitation, et ce courant pourra être énergique, parce qu'il n'aura qu'un petit nombre de galeries à parcourir.

Cet excellent aérage aura non seulement pour effet de bien balayer le grisou, mais il présentera aussi le précieux avantage de s'opposer au développement des incendies souterrains.

On aura intérêt aussi à procéder par grandes tailles, toutes les fois que la solidité du plafond le permettra ; il est bien plus facile, en effet, d'aérer une grande taille occupant vingt ouvriers que d'aérer dix chantiers isolés occupant chacun deux ouvriers.

On a, il est vrai, soutenu que, dans les mines à grisou, il faut au contraire disséminer les chantiers, de telle sorte que si une explosion se produit, elle n'atteigne pas tous les ouvriers. Cette objection nous semble être spécieuse ; il faut malheureusement reconnaître, en effet, que lors d'une grande explosion, la plupart des ouvriers qui sont occupés dans la mine en sont victimes, bien qu'ils soient souvent très éloignés du siège de l'explosion. Cette circonstance tient à ce que, lors d'un coup de feu, les ouvriers succombent bien plus par asphyxie que par brûlure. Les gaz délétères sont entraînés par le courant dans la plus grande partie des travaux, et portent la mort partout.

Nous estimons donc que l'éloignement des chantiers ne constitue, pour la sécurité des ouvriers, qu'un avantage très douteux, et que leur concentration est préférable, parce qu'elle assure une ventilation meilleure, une surveillance beaucoup plus efficace et permet d'éviter les accumulations de grisou qui tôt ou tard amènent fatalement une catastrophe.

3. Enfin, et c'est là un point essentiel, il faut que les travaux soient dirigés de telle façon qu'il y ait le moins possible de portes d'aérage.

Tous les ingénieurs qui ont procédé à des expériences de jaugeages des courants d'air ont dû constater, comme nous l'avons fait souvent, que ces portes fonctionnent toujours d'une manière imparfaite, soit que les conducteurs de convois oublient de les fermer, soit que les dislocations des plafonds des galeries s'opposent elles-mêmes à une fermeture convenable. Aussi nous croyons pouvoir dire, que nous n'avons jamais procédé, à Blanzy, à Épinac et au Creusot, à des expériences de jaugeages, sans que dans chaque visite nous n'ayons constaté, à une ou plusieurs reprises, que les portes ne fonctionnaient pas, et que des quartiers étaient ainsi momentanément privés d'air.

Les exploitants ne sauraient apporter à ce détail trop de soins et d'attention.

Il y aurait donc lieu d'exercer une surveillance sévère sur les fermetures des portes, de punir les ouvriers qui les laissent ouvertes, et d'installer des gardiens spéciaux auprès de toutes celles qui présentent de l'intérêt pour l'aérage de la mine, et enfin il conviendrait d'examiner si les portes solidaires (disposées de telle sorte que l'une se ferme quand l'autre s'ouvre) ne pourraient pas devenir d'un usage pratique.

Emploi de la poudre.

Il ne semble pas qu'il y ait lieu de proscrire absolument, comme l'a fait le gouvernement belge, l'emploi de la poudre dans les mines à grisou.

Il est probablement suffisant de réglementer l'emploi de cette matière explosive, en confiant à des surveillants spéciaux le soin d'autoriser l'exécution d'un coup de mine et de l'allumer.

Mais il convient de prendre des mesures efficaces pour que les ouvriers n'aient pas à leur disposition les outils nécessaires à un rorage, et la matière explosive, de telle sorte qu'ils ne soient pas tentés, comme ils le sont si souvent, et ainsi que cela est arrivé en 1872 au puits Sainte-Eugénie, de désobéir aux ordres de leurs chefs.

Moyens préventifs divers.

Parmi les divers moyens préventifs qui ont été préconisés, nous étudierons seulement les suivants :

1. Étude des indications barométriques (1) ;
2. Aérage des galeries ;
3. Drainage des vides des anciens travaux.

Étude des indications barométriques. — Beaucoup d'ingénieurs, et des plus éminents, attachent une grande importance à l'étude des variations barométriques, et ils estiment que lorsqu'une dépression importante a lieu, la mine réclame des mesures spéciales, parce qu'une invasion de grisou est à redouter.

M. Galloway a même, dans une importante étude, montré que, dans certaines mines d'Écosse, l'apparition du grisou coïncidait d'une manière étonnante avec les baisses de la pression atmosphérique.

Nous ne saurions, en ce qui concerne Saône-et-Loire, admettre comme démontrée une relation de cette nature.

L'influence de la pression barométrique a été invoquée au sujet des masses de grisou qui remplissent, dit-on, les vides laissés par l'exploitation. Elle ne saurait avoir, en effet, une action sérieuse sur le dégagement du grisou renfermé dans la houille, puisque ce gaz est généralement comprimé à une assez forte pression.

(1) Le présent mémoire était déjà rédigé lorsque nous avons eu communication de la note fort intéressante et très concluante que M. l'ingénieur Le Châtelier a publiée sur le même sujet. Bien que nous arrivions à la même conclusion que lui, nous avons cru pouvoir conserver les développements que nous avions présentés.

Les considérations exposées par nous sont en effet un peu différentes de celles qui ont été développées par cet ingénieur.

Or, dans les mines à grisou de Saône-et-Loire, où un traçage étendu précède toujours le dépilage, on constate que vers la fin du déhouillement le grisou ne se montre plus qu'exceptionnellement : il a été drainé. Il ne saurait donc y en avoir dans les vides laissés au milieu des vieux travaux.

D'ailleurs cette conclusion a été vérifiée bien des fois à Blanzy ; on est rentré à diverses reprises dans d'anciens chantiers de foudroyages qui avaient été grisouteux, et jamais on n'y a trouvé de grisou. (Il est bien évident que nous n'entendons parler ici que des travaux ayant donné lieu dans le passé à des dépilages importants. Il est clair, en effet, que si les circonstances obligent à abandonner des travaux préparatoires dans lesquels se dégage du grisou, on devra retrouver du gaz lorsqu'on y rentrera. Les vides résultant des dépilages anciens présentent seuls, d'ailleurs, une importance sérieuse, et c'est d'eux qu'ont entendu parler les ingénieurs qui ont foi dans les observations barométriques.)

Puisque les vides souterrains des anciens travaux ne renferment pas de grisou, on ne doit pas s'attendre à ce que les variations barométriques exercent de l'influence sur les apparitions du gaz.

On n'a pas remarqué, en effet, dans le passé, de relations entre les accidents de grisou survenus dans Saône-et-Loire et les dépressions barométriques.

Nous devons ajouter que ce qui n'est pas vrai dans nos nos houillères l'est peut-être ailleurs, et que les conclusions de M. Galloway peuvent s'appliquer à d'autres mines.

Cependant nous devons dire que les considérations développées par M. Galloway nous paraissent soulever quelques critiques.

D'une part, M. Galloway fournit un tableau graphique établissant un parallélisme remarquable entre les variations barométriques et les apparitions de grisou. (*Annales des mines*, 1877, 2ᵉ livraison, page 212.)

Mais, d'autre part, ce même ingénieur dit que les dégagements de grisou sont liés aux variations barométriques, thermométriques et même psychrométriques. Comment se fait-il qu'en ne tenant compte que d'une seule variable, la pression barométrique, il ait obtenu une courbe qui soit l'expression de la réalité ? S'il avait fait entrer en ligne de compte les indications thermométriques et psychrométriques, il aurait eu une courbe assurément différente. Comment se fait-il alors que la première puisse être conforme à la vérité ?

M. Galloway a en outre fourni des tableaux graphiques mettant en regard les explosions survenues en Angleterre en 1871 et 1872, et les variations du baromètre et du thermomètre. Il en a conclu que sur cent explosions, 52 devaient être attribuées à des dépressions barométriques, 21 à des variations thermométriques, et 27 seulement à d'autres causes. L'examen de ces diagrammes ne semble cependant pas permettre d'établir des conclusions aussi absolues. Ainsi en 1871, cinq mois (janvier, février, mars, avril, octobre) se font remarquer particulièrement par des variations barométriques très fréquentes. Or le nombre total des accidents survenus pendant cette période est de 86, soit 17,2 par mois en moyenne ; pendant toute l'année il y a eu 206 accidents, soit 17,2 par mois en moyenne, ce qui est exactement le même chiffre que celui qui précède.

En 1872, les mois pendant lesquels les variations barométriques ont été les plus accentuées sont ceux de janvier, mars, octobre, novembre, décembre. Durant ces cinq mois il y a eu 91 accidents, soit 18,2 en moyenne par mois.

Pour l'année entière il y a eu 233 accidents, soit 19,4 par mois, c'est-à-dire un nombre plus élevé que pendant la période partielle considérée.

Ne semble-t-il pas, en présence de ces résultats, que l'influence de la pression barométrique sur les accidents soit illusoire ?

Je suis donc fort disposé à dire avec M. Murgue que « la régu- « larité des proportions établies par M. Galloway ne laisse pas « que de surprendre, et qu'on craint involontairement que la « main ne se laisse un peu forcer dans une appréciation aussi « délicate que celle de l'influence d'une inflexion barométrique « ou thermométrique ». (Bulletin de l'industrie minérale, 1877, 3ᵉ livraison, page 459.)

M. Murgue ajoute : « Lorsque dans le Gard le grisou appa- « raît dans nos visites de sûreté, nous en voyons toujours assez « clairement la cause immédiate : tantôt négligence dans l'éta- « blissement de la cloison d'aérage, tantôt insuffisance du cou- « rant d'air ou présence accidentelle d'une cloche d'où le grisou « est difficile à déloger ; mais jamais il ne nous vient à l'idée de « rechercher des causes plus générales. (Page 457.) »

On peut dire absolument la même chose au sujet des mines de Saône-et-Loire. Aussi n'attachons-nous personnellement

qu'une bien médiocre importance aux observations barométriques.

Cependant quelques ingénieurs croient à l'influence de la
pression atmosphérique, et il n'y a aucun motif pour les dis-
suader de poursuivre leurs études à ce sujet.

Arrosage des galeries. — Nous avons exposé plus haut que
les poussières ne nous paraissent jouer dans les coups de feu
qu'un rôle très secondaire; cependant leur action, quoique
minime, n'est pas négligeable, et surtout elles rendent plus délétères les produits de l'explosion. Il y a donc opportunité à arroser,
à des intervalles convenables, les galeries poussiéreuses.

Enfin il est démontré que les fines poussières, lorsqu'elles
pénètrent dans les organes respiratoires, y causent de graves
désordres; toute mesure qui s'opposera à leur suspension dans
l'air ne peut donc que donner de bons résultats.

Aussi estimons-nous qu'il y a utilité à pratiquer, comme cela
se fait à Blanzy et à Épinac, l'arrosage des travaux (1). L'utilité
de cette mesure semble avoir été démontrée par l'absence
presque complète de poussières carbonisées au puits Sainte-
Eugénie, après l'explosion de 1872. On avait arrosé les galeries
la veille de l'accident.

Drainage des vieux travaux. — Plusieurs ingénieurs ont attaché une grande importance au drainage des vieux travaux, à
l'effet d'en chasser le grisou.

Nous avons montré que, dans Saône-et-Loire, les vides des
anciens travaux ne semblent constituer aucun danger; il n'y a
donc pas à se préoccuper de leur assainissement.

D'ailleurs les procédés mis en avant pour arriver à ce drainage ne semblent guère pouvoir être appliqués.

M. Soulary propose de maintenir, au milieu des travaux, des
conduits qui seraient en communication constante avec l'atmosphère.

Or, quand on voit combien il est généralement difficile de conserver des galeries dans des travaux neufs, peut-on admettre que
ces canaux abandonnés au milieu d'anciens dépilages se main-
tiendront en bon état? La chose est bien invraisemblable. Des

(1) Cette excellente mesure a été adoptée à la fin de 1871 dans les
deux houillères précitées, à l'instigation de M. l'ingénieur en chef
des mines Jutier. Elle avait été suscitée par les accidents du 8 février 1871 (puits Sainte-Marie de Blanzy) et du 17 avril 1871 (puits
de la Garenne d'Épinac).

obstructions ne tarderont pas à s'y produire, et alors tout le bénéfice de l'installation disparaît.

M. Laur a proposé de faire, au moyen de l'action combinée de deux ventilateurs, des *chasses de grisou*.

De fortes dépressions feraient sortir le gaz des vides où il s'est accumulé. Dans les mines sujettes aux incendies, et toutes celles de Saône-et-Loire sont dans ce cas, cette pratique serait essentiellement dangereuse.

On fait de grands efforts pour isoler les quartiers incendiés et pour éteindre les feux. — N'arriverait-on pas à rallumer ces derniers avec violence, et n'exposerait-on pas toute la mine a être embrasée, en opérant comme le dit M. Laur?

Aussi ne saurait-on conseiller dans les exploitations de Saône-et-Loire un semblable procédé.

Conclusions.

Les développements contenus dans le présent Rapport peuvent être résumés comme il suit :

1° Les explosions survenues dans le département de Saône-et-Loire doivent être attribuées au grisou; les poussières de houille n'ont joué, lors des coups de feu, qu'une action très secondaire.

Leur principal effet a été probablement de rendre plus délétères les produits de la combustion.

2° Le grisou se dégage presque exclusivement dans la première période d'exécution des travaux, pendant le traçage principalement, qui provoque un véritable drainage du gaz.

La quantité de grisou qui afflue dans les galeries paraît être indépendante des variations de la pression barométrique.

3° Les moyens préventifs fondés sur le drainage des vides des anciens travaux ne sauraient être conseillés pour les mines de Saône-et-Loire; leur influence, au point de vue du grisou, serait probablement nulle, et ils provoqueraient certainement de violents incendies.

4° Les seuls moyens efficaces consistent dans un excellent aérage des chantiers, au moyen de cloisons en planches ou mieux en maçonnerie, surtout pendant le traçage.

C'est toujours, en effet, dans des chantiers en cul-de-sac et pendant la première partie des travaux, que se sont produits les coups de feu.

5° Il y a avantage, même dans les mines grisouteuses, à concentrer les travaux ; l'aérage des chantiers peut être beaucoup plus actif, et la surveillance est plus facile.

Il convient, d'ailleurs, de diviser autant que possible le champ d'exploitation en quartiers aérés par des courants distincts et indépendants.

Les portes d'aérage fonctionnent généralement d'une manière peu satisfaisante, et il y a grande utilité à en diminuer le nombre par une disposition bien entendue des travaux et du courant d'air.

6° L'aérage naturel est généralement insuffisant pour assurer une bonne ventilation dans les mines à grisou, et il convient d'avoir recours aux moyens artificiels.

7° Enfin chaque mine à grisou doit être l'objet d'une surveillance toute spéciale ; le tirage des coups de mine doit être sinon prohibé, du moins réglementé. Des agents spéciaux doivent vérifier, à des intervalles suffisamment rapprochés, l'état des chantiers, et s'assurer que la ventilation est suffisante pour assurer leur assainissement.

Des jaugeages périodiques des courants d'air doivent être opérés, et les résultats reportés sur des registres et plans spéciaux.

L'ensemble de ces précautions préviendra certainement, dans Saône-et-Loire, le retour de catastrophes analogues à celles qu'on a eu à déplorer dans le passé.

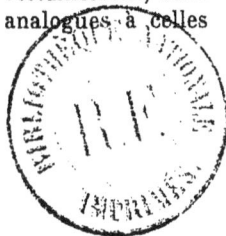

TABLE DES MATIÈRES

DEUXIÈME PARTIE

ÉTUDE DES MOYENS PRÉVENTIFS

1° *Examen du rôle joué par les poussières.*

Paris. — Imprimerie Arnous de Rivière, rue Racine, 26.

www.ingramcontent.com/pod-product-compliance
Lightning Source LLC
Chambersburg PA
CBHW050618210326
41521CB00008B/1299